城镇供水系统运行管理绩效评估手册

李爽　主编

中国建筑工业出版社

图书在版编目（CIP）数据

城镇供水系统运行管理绩效评估手册/李爽主编
. —北京：中国建筑工业出版社，2022.11
ISBN 978-7-112-28124-4

Ⅰ.①城… Ⅱ.①李… Ⅲ.①城市供水系统-城市管理-经济绩效-评估-手册 Ⅳ.①TU991.3-62

中国版本图书馆 CIP 数据核字（2022）第 208176 号

本手册立足我国供水行业的特点与实际需求，提出针对供水运行管理的绩效评估方法，建立的绩效指标体系涵盖了供水生产、管网运行、营销管理、水质管理和综合管控五个维度，旨在指导供水企业提高运行管理效率，全面提升服务质量和服务效率。

本手册可供供水行业相关从业人员参考使用。

责任编辑：于莉
责任校对：姜小莲

城镇供水系统运行管理绩效评估手册
李爽　主编
*
中国建筑工业出版社出版、发行（北京海淀三里河路 9 号）
各地新华书店、建筑书店经销
霸州市顺浩图文科技发展有限公司制版
天津翔远印刷有限公司印刷
*
开本：787 毫米×1092 毫米　1/16　印张：4¾　字数：115 千字
2022 年 11 月第一版　　2022 年 11 月第一次印刷
定价：**30.00** 元
ISBN 978-7-112-28124-4
（40081）

前　言

随着城市供水行业改革的深入以及消费者对饮用水安全卫生意识的加强，政府更加注重通过对供水企业运营绩效和实际服务效果的监督和管理，来指导并促使供水企业强化责任意识、降低成本、提高管理水平，从而使公众在水质、服务和价格上受益；供水企业则希望通过切实可行的管理手段提高效率和服务质量，在满足政府要求与公众需求的基础上提高企业效益，并树立良好的企业形象。因此，建立一套具有广泛适用性的供水系统运行管理绩效评估体系，将为城镇供水系统的运行管理提供科学高效的指导作用。

本手册是"十三五"水体污染控制与治理国家科技重大专项（以下简称"水专项"）"城镇供水系统运行管理关键技术评估与标准化"课题成果之一。绩效评估是针对供水系统全系统的重要管理工具，课题在"十一五""十二五"水专项供水绩效评估课题研究成果的基础上，将定量和定性评估相耦合的评估方法聚焦在供水运行管理上，建立相应的评估指标体系和评估模型，并在六个水司进行了示范应用。本手册在总结已有研究工作的基础上，立足我国供水行业的特点与实际需求，提出针对供水运行管理的绩效评估方法，建立的绩效评估指标体系涵盖了供水生产、管网运行、营销管理、水质管理和综合管控五个维度，旨在指导供水企业提高运行管理效率，全面提升服务质量和服务效率。

本手册在编写过程中得到了住房和城乡建设部水专项实施管理办公室、水专项总体专家组和饮用水主题专家组的支持和指导，在此表示衷心的感谢！

本手册编制单位：北京首创生态环保集团股份有限公司。

本手册由李爽主编，主要参编人员：韩伟、任力、徐扬、沈俊毅。由于本手册涉及供水系统运行管理的诸多方面，相关指标有待于持续更新和完善，不足之处敬请读者批评指正。

审查单位：住房和城乡建设部科技与产业化发展中心。

主要审查人：田永英、任海静、张东、顾军农、王广华、赫俊国、蒋福春、刘水。

本手册由住房和城乡建设部水专项实施管理办公室负责管理，由主编人员负责具体技术内容解释。

目　　录

概述

1.1 研究背景

随着城市供水行业改革的深入以及消费者对饮用水安全卫生意识的加强，政府更加注重通过对供水企业运营绩效和实际服务效果的监督和管理，来指导并促使供水企业强化责任意识、降低成本、提高管理水平，从而使公众在水质、服务和价格上受益；供水企业则希望通过切实可行的管理手段提高效率和服务质量，在满足政府要求与公众需求的基础上提高企业效益，并树立良好的企业形象。因此，建立适用于城市供水行业发展需求的绩效管理体系是长期以来政府、行业和供水企业共同关注的问题。

绩效评估管理作为一种行之有效的管理方法已在一些国家得到了较好的研究和应用。特别是自20世纪90年代末期，世界银行、国际水协等国际组织对供水绩效管理的重视和研究，加速了绩效评估管理在供水企业中的应用。在我国，尽管供水行业绩效管理的意识形成和方法应用，已经经历了近二十年的探索，但由于绩效管理在不同区域、不同供水企业的应用水平差距很大，用于全行业的绩效管理的指标体系、基准体系、考核/评价体系尚不健全，至今尚未形成有效的管理体系，迫切需要进行系统的研究，并在示范成功的基础上建立可用于政府、行业、供水企业绩效管理的实用方法和体系。

因此，在总结已有研究工作的基础上，立足我国供水行业的特点与实际需求，积极借鉴国际经验，通过方法研究与供水企业示范相结合，构建我国供水系统的绩效评估技术体系，具有重大意义。

1.2 水专项成果简述

为强化行业监管、促进企业效率提升，国家水体污染控制与治理专项在“十一五”伊始即设立了城市供水绩效评估管理的研究课题，基于我国国情，引进吸收国际先进经验，开展供水绩效评估的指标体系、评估方法和管理机制等各方面的深入研究。

课题研究分三个阶段逐步完成：

(1)“十一五”水专项

课题名称：城市供水绩效评估体系研究与示范。

课题编号：2009ZX07419-006。

成果简介：借鉴国际绩效管理框架，结合我国国情和实际需求，突破了绩效指标筛选、数据采集、体系构建等环节的关键技术，构建了包括服务、运行、资源、资产、财经和人事六大类在内的全面绩效评估指标体系（见图 1-1），为评价我国供水企业的综合绩效管理水平提供了依据；同时对数据采集进行了标准化设计，建立了定量评估方法，并在上海、成都、安庆、马鞍山、铜陵和淮南六个水司开展示范应用。

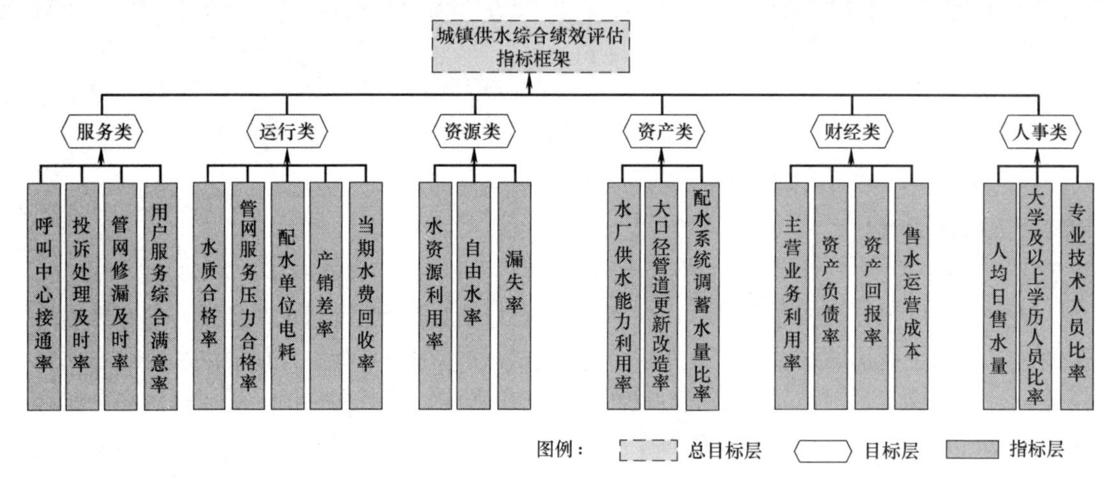

图 1-1　城镇供水综合绩效评估指标框架

（2）“十二五”水专项

课题名称：江苏省城乡统筹区域供水绩效评估研究。

课题编号：2014ZX07405002-9。

成果简介：参照国际绩效评估方法，结合我国行业管理需求，首次提出定量指标与定性评估相结合的供水绩效评估方法（见图 1-2），并基于行业标准和通用经验值，设定了可用于横向评估比较的指标基准值，引入信息可靠性评估模块，进一步增强了评估结果的科学性和公正性，并成功在江苏省开展了示范应用。

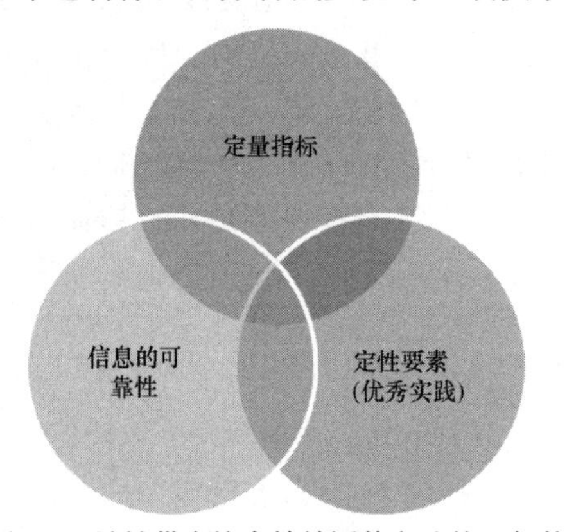

图 1-2　城镇供水综合绩效评估方法核心架构

（3）“十三五”水专项

1）课题名称：城市供水绩效评估技术与实证研究。

课题编号：2018ZX07502-001-008。

成果简介：基于行业监管需求，开展长效机制研究，在我国东北、华北、西北、华东、华南、西南等区域开展扩大化实证研究，编制行业标准化文件，为推广应用提供技术支撑。

2）课题名称：城镇供水系统运行管理技术应用绩效评估方法及技术研究。

课题编号：2017ZX07501-002-05。

成果简介：基于供水企业实际运行管理需求，聚焦供水生产、管网运行、营销管理、水质管理和综合管控等领域，进行深入的评估体系构建，包括定量指标调整（见图 1-3）、定性要素分解（见图 1-4）、模型重新构建等，并在深圳（盐田区）、徐州、庆云、东营、马鞍山和淮南等地开展了系列示范应用，验证评估方法的有效性。

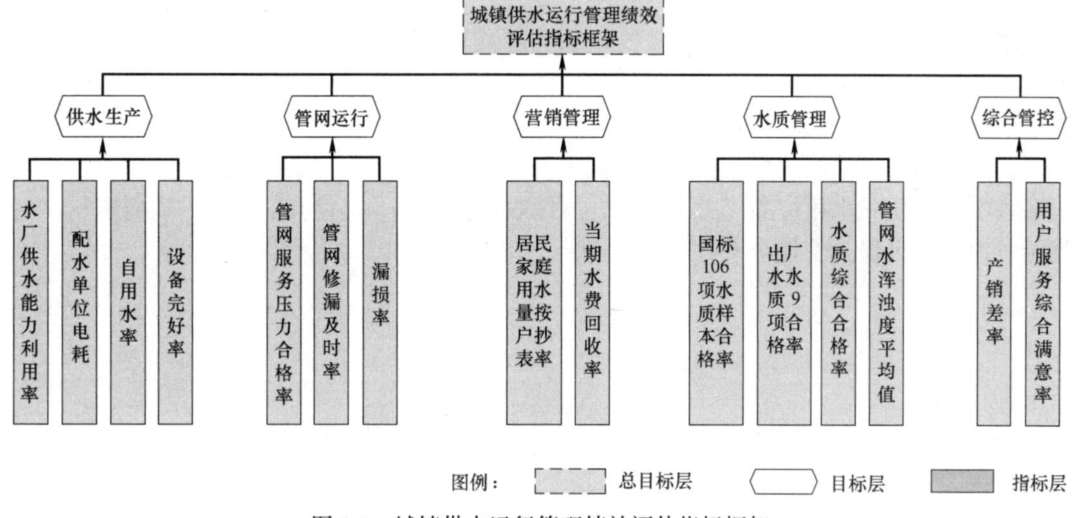

图 1-3 城镇供水运行管理绩效评估指标框架

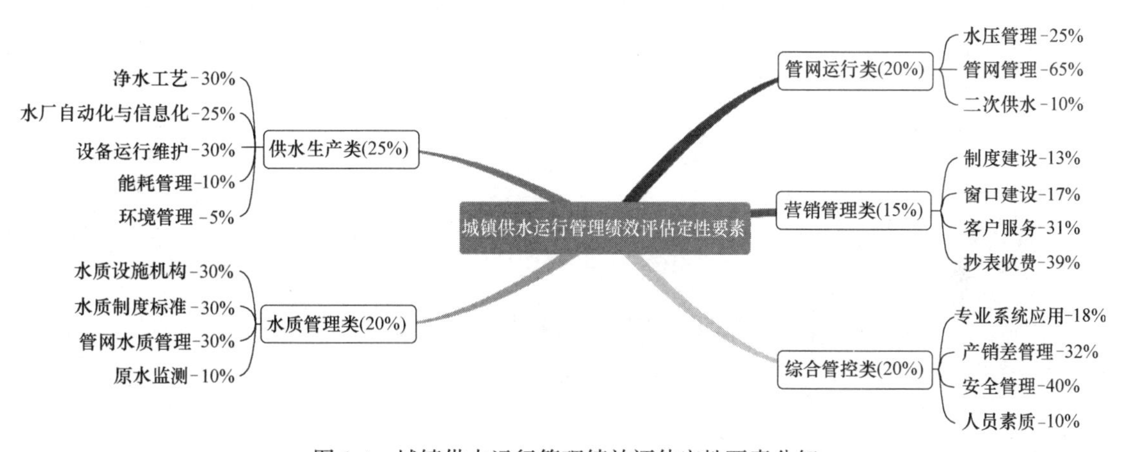

图 1-4 城镇供水运行管理绩效评估定性要素分解

1.3 手册目标及内容

本手册是“十三五”水专项子课题“城镇供水系统运行管理技术应用绩效评估方法及技术研究”（2017ZX07501-002-05）的研究成果之一。目标是基于国家水体污染控制与治理专项供水绩效评估课题的系列研究成果，从提升水务企业运行管理的角度出发，编制一套适合我国水务行业的供水系统运行管理绩效评估的实用操作手册，从而指导水务企业提升运营管理水平，改善服务质量，增强供水安全保障能力。

手册的主要内容包括开展供水运行管理绩效评估的具体工作流程、评估方法、定量指标、定性要素以及结果应用等，并基于对六个水司的示范应用情况，总结绩效评估方法的可行性和有效性，为后续的推广应用提供参照范例。

1.4 手册评估对象

本手册的评估对象为管理供水厂、供水管道及其附属设施向单位或居民提供生活、生产和其他用水的城市集中式供水企事业单位。城镇供水系统运行管理绩效评估的目标是提高供水企业（单位）的运营管理水平。

为保证绩效评估的效果，参与城镇供水系统运行管理绩效评估的供水企业（单位）应具备基本的水质和水压检测能力，自愿开展绩效评估工作，提供真实可信的数据资料，应用绩效评估结果提升管理水平。

运行管理绩效评估流程

2.1 总体评估流程

城镇供水系统运行管理绩效评估的工作内容包括准入要求审核，对基础数据进行收集、计算、分析和验证，开展定量评估、定性评估，以及撰写绩效评估报告等。具体工作流程见图 2-1。

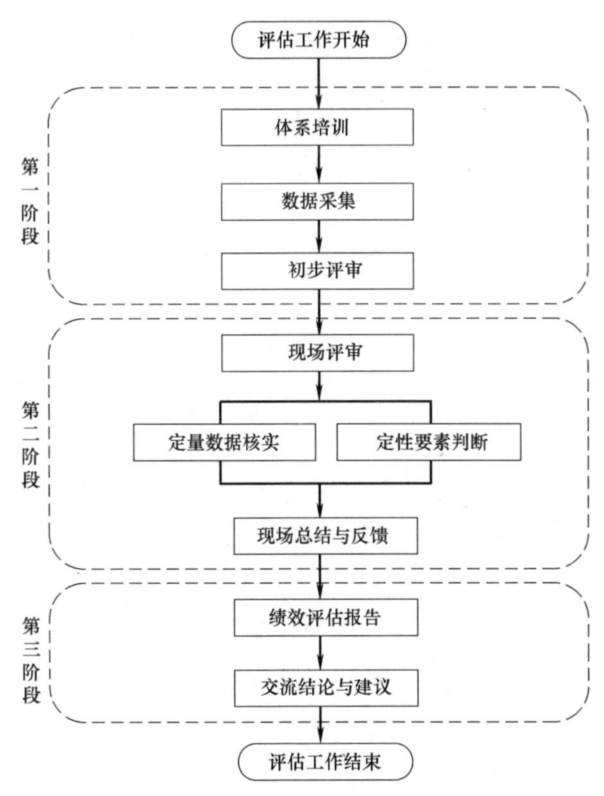

图 2-1 城镇供水系统运行管理绩效评估工作流程

2.2 数据采集和初步评审

评估单位组成熟悉评估指标体系和供水运行的专家评审组，对拟参与评估的供水企业的数据采集工作进行指导培训。评估专家应具备净水工艺、管网运行、营销管理等方面的水务企业管理经验，同时对于参与评估的供水企业的各类信息富有保密的责任。

拟参与评估的供水企业，根据本手册制定的评估指标体系和评估方法，针对企业的实际供水情况，进行定量和定性数据填报，并准备相应的证明材料，供现场评审组审阅。供水企业指定数据填报负责人，进行定量指标变量的数据采集和定性评估要素的自我评价。

拟参与评估的供水企业完成数据填报工作后，评审组对供水企业提供的数据和资料进行初步审阅，识别出现场评审需关注的重点。

2.3 现场评审和评估报告

评估单位组织专家团队进行现场评审。现场评审应包括以下内容：

（1）召开启动会，介绍双方人员，确定评审计划；

（2）查阅填报数据和资料的原始文件，了解企业基本情况，核实相关证明材料；

（3）访谈相关人员；

（4）现场考察相关设施；

（5）调整指标变量数据，复评定量指标得分；

（6）根据评分细则，进行定性要素打分；

（7）召开座谈会，总结和反馈现场考察的发现。

评估单位根据现场评审结果，编制完成绩效评估报告，给出评估结论与建议。评估报告内容包括被评估供水企业简介、绩效评估工作方法概述、评估指标概述、数据置信度确定、定量绩效指标值分析、定性评估要素分析、评估结论与建议。

运行管理绩效评估方法

3.1 综合评分

城镇供水系统运行管理绩效评估指标体系包含5大类，分别为供水生产类、管网运行类、营销管理类、水质管理类和综合管控类。采取定量与定性相结合的方式，对每类指标进行评估。评估总分为100分，按公式（3-1）进行计算，各级各类指标权重参照层次分析法和专家咨询法进行设定，具体分配见表3-1。

$$评估总分=\sum[(各类指标定性评价得分\times定性权重+各类指标定量评价得分\times定量权重)\times各类指标权重] \quad (3-1)$$

各类指标权重分配表　表3-1

指标类别(权重)	权重分配		指标类别(权重)	权重分配	
	定量	定性		定量	定性
供水生产(25%)	50%	50%	水质管理(20%)	60%	40%
管网运行(20%)	50%	50%	综合管控(20%)	60%	40%
营销管理(15%)	50%	50%			

将类别分数按照一定范围分为A、B、C、D、E五个等级，其中A级为优秀，E级为最差；评估总分分为卓越、优秀、良好、一般和较差五个等级，具体分级情况见表3-2和表3-3。

各类别结果分级表　表3-2

评估得分	90～100	80～89	70～79	60～69	＜60
评级	A	B	C	D	E

评估总分结果分级表　表3-3

评估得分	90～100	80～89	70～79	60～69	＜60
评级	卓越	优秀	良好	一般	较差

3.2 定量评估方法

在进行定量评估时，首先根据供水企业填报的指标变量数据（变量值和置信度），通过指标计算公式，计算出指标值。然后通过各指标的评分标准化曲线，转化为对应的指标分数。

定量指标体系构成如表 3-4 所示，定量指标的定义和计算公式汇总见表 3-5，各定量指标的具体介绍见第 4 章。各定量指标评分标准化曲线（见附录 A），是参考各定量指标行业基准值（见附录 B）得出的标准化函数。绩效指标变量的定义和置信度系数见附录 C。

定量指标体系构成 **表 3-4**

指标类别	指标名称	权重分配
供水生产	GS1 水厂供水能力利用率	25%
	GS2 配水单位电耗	30%
	GS3 自用水率	10%
	GS4 设备完好率	35%
管网运行	GW1 管网服务压力合格率	35%
	GW2 管网修漏及时率	20%
	GW3 漏损率	45%
营销管理	YX1 居民家庭用水量按户抄表率	40%
	YX2 当期水费回收率	60%
水质管理	SZ1 国标 106 项水质样本合格率	20%
	SZ2 出厂水水质 9 项合格率	25%
	SZ3 水质综合合格率	35%
	SZ4 管网水浑浊度平均值	20%
综合管控	ZH1 产销差率	50%
	ZH2 用户服务综合满意率	50%

城镇供水系统运行管理绩效评估定量指标一览表 **表 3-5**

指标类别	指标名称	指标单位	指标定义	指标计算公式
供水生产	GS1 水厂供水能力利用率	%	报告期内水厂最高日供水量与其（有效）设计规模的比值	$GS1=\frac{A_1}{A_2}\times100\%$
	GS2 配水单位电耗	kWh/(km³·MPa)	报告期内水厂二级泵站向城市管网输配水所消耗的单位电量	$GS2=\frac{A_3}{A_4}$
	GS3 自用水率	%	报告期内水厂生产过程中所消耗的自用水总量与进水总量的比值	$GS3=\left(1-\frac{A_5}{A_6}\right)\times100\%$
	GS4 设备完好率	%	报告期内水厂设备加权完好台日数占总设备加权总台日数的比率	$GS4=\frac{A_7}{A_8}\times100\%$
管网运行	GW1 管网服务压力合格率	%	报告期内按照供水管网测压点设置原则所建立的实时压力监测点，其压力值达到供水管网服务压力标准的合格程度	$GW1=\frac{B_1}{B_2}\times100\%$
	GW2 管网修漏及时率	%	报告期内供水企业服务区内供水管道损坏后及时修漏次数占全部修漏次数的比率	$GW2=\frac{B_3}{B_4}\times100\%$
	GW3 漏损率	%	用于评定或考核供水单位或区域的漏损水平，由综合漏损率（管网漏损水量与供水总量之比）修正而得	$GW3=\left(\frac{B_6}{B_5}-R_n\right)\times100\%$

续表

指标类别	指标名称	指标单位	指标定义	指标计算公式
营销管理	YX1 居民家庭用水量按户抄表率	%	报告期供水企业(单位)供水范围内，居民家庭按户抄表的用水量占居民家庭用水总量的比率	$YX1=\frac{C_1}{C_2}\times100\%$
	YX2 当期水费回收率	%	报告期末供水企业实际收回的水费与应收水费的比值	$YX2=\frac{C_3}{C_4}\times100\%$
水质管理	SZ1 国标 106 项水质样本合格率	%	报告期内城市供水水质符合《生活饮用水卫生标准》GB 5749—2006 中 106 项水质指标限值的合格程度	$SZ1=\frac{D_1}{D_2}\times100\%$
	SZ2 出厂水水质 9 项合格率	%	报告期内城市供水企业各水厂出厂水水质 9 项达到《生活饮用水卫生标准》GB 5749—2006 的合格程度	$SZ2=\frac{D_3}{D_4}\times100\%$
	SZ3 水质综合合格率	%	报告期内《城市供水水质标准》CJ/T 206—2005 表 1 中 42 个检验项目的加权平均合格率	$SZ3=\frac{\Sigma D_5/D_6+D_7/D_8}{7+1}\times100\%$
	SZ4 管网水浑浊度平均值	NTU	报告期内供水企业各管网水全部检测点浑浊度的平均值	$SZ4=\frac{D_9}{D_{10}}$
综合管控	ZH1 产销差率	%	报告期内供水企业产销差水量与供水总量的比值	$ZH1=\left(1-\frac{B_7}{B_5}\right)\times100\%$
	ZH2 用户服务综合满意率	%	报告期内用户对供水服务质量、效果的社会评价满意程度	$ZH2=\left(0.4\times\frac{E_2}{E_1}+0.6\times\frac{E_4}{E_3}\right)\times100\%$

$$\text{各类指标定量评价得分}=\Sigma(\text{指标分数}\times\text{该指标变量置信度系数平均值}\times\text{指标权重}) \tag{3-2}$$

$$\text{定量评价总分}=\Sigma(\text{各类指标定量评价得分}\times\text{各类指标仅重}) \tag{3-3}$$

注：在计算时，若两个变量的置信度系数不同，应以所有变量置信度系数的平均值为准进行计算。

【计算实例】 以“水厂供水能力利用率”为例，该指标计算公式为：

$$\text{水厂供水能力利用率}=\frac{\text{最高日供水量}(m^3/d)}{\text{设计综合生产能力}(m^3/d)}\times100\%$$

根据附录 A，水厂供水能力利用率评分标准化曲线及计算公式如下：

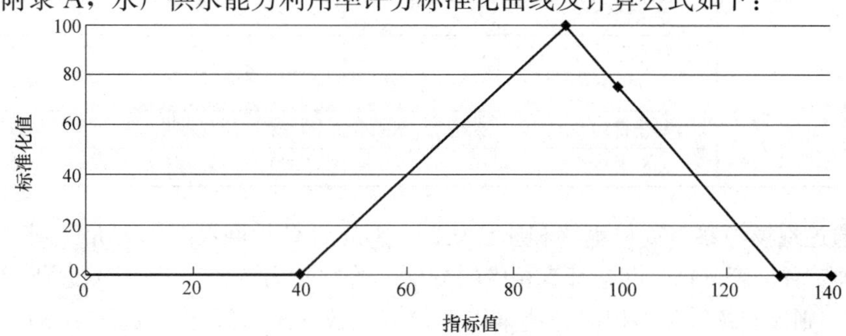

$$f(x)=\begin{cases}0, & x<40\\ 2x-80, & 40\leqslant x<90\\ -2.5x+325, & 90\leqslant x<130\\ 0, & x\geqslant 130\end{cases}$$

根据记录，计算得出水厂供水能力利用率的实际值为 80%，则其标准化值为 80 分。其中，“最高日供水量”数据置信度级别为“2. 出厂水水表至少每日读取一次”，置信度系数为 0.9；“设计综合生产能力”数据置信度级别为“2. 有支撑性文件”，置信度系数为 1.0。在计算时，若两个变量的置信度系数不同，应以所有置信度系数的平均值进行计算，因此，此处“水厂供水能力利用率”指标数据的置信度系数为 0.95。

该项指标得分为：水厂供水能力利用率得分＝80×0.95×25%＝19。

3.3 定性评估方法

定性评估体系也分为五个大类，每个大类下分多个要素，每个要素设置了多个评价问题。定性评估的要素组成和权重分配如表 3-6 所示。定性评估的具体评价内容见第 5 章。

定性评估的要素组成和权重分配 **表 3-6**

要素类别	要素层子项	权重分配
供水生产类	净水工艺	30%
	水厂自动化与信息化	25%
	设备运行维护	30%
	能耗管理	10%
	环境管理	5%
管网运行类	水压管理	25%
	管网管理	65%
	二次供水	10%
营销管理类	制度建设	13%
	窗口建设	17%
	客户服务	31%
	抄表收费	39%
水质管理类	水质设施机构	30%
	水质制度标准	30%
	管网水质管理	30%
	原水监测	10%
综合管控类	专业系统应用	18%
	产销差管理	32%
	安全管理	40%
	人员素质	10%

专家通过现场考察、资料审核和座谈访问，对定性评价问题进行“是”或“否”的判断，同时确定置信度。每个问题都有相应的分值，若判断为“否”，则该问题不得分，若判断为“是”，则该问题得分为相应分值乘以置信度系数（A-1.0，B-0.7，C-0.5）。各要素的

问题分值累加得到要素总分，各指标类别的要素分数累加得到每类指标的总分（每类指标满分100分），每类指标得分乘以表3-6规定的权重进行累加得到定性评价的最终得分。

其中，供水生产类指标的评价内容是针对水厂设计的。当同一个供水企业管理多个水厂时，需要对不同水厂分别进行打分，然后按水量计算加权平均数，作为水司供水生产部分的最终得分。其他类别指标以供水企业为单位进行评估。

$$\text{各要素定性评价得分}=\sum(\text{判断为“是”的问题分值}\times\text{置信度系数}) \tag{3-4}$$

$$\text{各类指标定性评价得分}=\sum(\text{各要素定性评价得分}) \tag{3-5}$$

$$\text{定性评价总分}=\sum(\text{各类指标定性评价得分}\times\text{各类指标仅重}) \tag{3-6}$$

以“环境管理”要素为例，该要素下有五个问题，若填写完的专家现场评估表如表3-7所示，则该要素得分为：1×0.7+1×1.0+1×0.5+0+1×1.0=3.2。

专家现场评估表填写示例　　**表3-7**

专家现场评估项目			是	否	对应分值	若是，信息来源于：		
						A(1.0)	B(0.7)	C(0.5)
要素	评价内容					现场观察/文件审阅	面谈采访	专家推断
1.5 环境管理	1	是否制定了合格的废弃物管理制度，并严格执行	√		1		√	
	2	是否制定了绿化管理制度，并有效实施	√		1			√
	3	厂区内绿化情况是否良好	√		1	√		
	4	是否在厂区内公布了标注功能分区的平面布置图		√	1			
	5	厂区内环境是否清洁整齐（含场地、设备、仪器仪表等）	√		1	√		

3.4　指标不适用情况的处理方式

如果在数据填报过程中，遇到评价指标或要素不适用的情况（比如二级泵房耗电量指标不适用于重力流供水企业，深度处理评价要素不适用于无深度处理要求的供水企业），应采取以下处理方式：

（1）供水企业在填报数据时，识别出指标不适用的情况，需在相应的备注中解释说明；

（2）评审组在审阅相关证明材料或现场验证指标不适用后，在数据统计时剔除该指标或要素，将相应分值按照权重分配给同类别内其他评价指标或要素。

【案例】 若供水企业采用重力流供水，则二级泵房耗电量指标不适用于该企业。因此，将供水生产类各指标的权重按表3-8进行调整。

供水生产类指标调整后权重示例　　**表3-8**

指标名称	原权重	调整后权重	指标名称	原权重	调整后权重
GS1 水厂供水能力利用率	25%	35%	GS3 自用水率	10%	15%
GS2 配水单位电耗	30%	0%	GS4 设备完好率	35%	50%

运行管理绩效评估定量指标

4.1 供水生产指标

供水生产类各指标名称、定义、计算公式、指标变量和解释说明见表 4-1～表 4-4。

定量指标 GS1 的定义和计算方式　　表 4-1

名称单位	GS1——水厂供水能力利用率(%)
指标定义	报告期内水厂最高日供水量与其(有效)设计规模的比值
计算公式	$GS1=\frac{A_1}{A_2}\times 100\%$
指标变量	A_1——最高日供水量(万 m^3/d) A_2——设计综合生产能力(万 m^3/d)
解释说明	(1)如因水质标准提高造成某些工艺单元达不到原设计能力时,应重新核定水厂设计综合生产能力。 (2)首先以水厂为单位单独计算该指标得分,再进行水量加权平均,得出水司的该项指标得分

定量指标 GS2 的定义和计算方式　　表 4-2

名称单位	GS2——配水单位电耗[kWh /(km^3 · MPa)]
指标定义	报告期内水厂二级泵站向城市管网输配水所消耗的单位电量
计算公式	$GS2=\frac{A_3}{A_4}$
指标变量	A_3——二级泵站耗电量(kWh) A_4——二级泵站有效功率(km^3 · MPa)
解释说明	(1)二级泵站耗电量,不包括变压器损耗和泵房内其他用电,如行车、通风机、生活用电等。 (2)二级泵站有效功率,可以根据各水泵进、出口压力记录进行实际测算,详细测算实例见附录 D。 (3)首先以水厂为单位单独计算该指标得分,再进行水量加权平均,得出水司的该项指标得分。 (4)若水厂采取重力流供水,在水厂的定量评估中剔除配水单位电耗指标的评估

定量指标 GS3 的定义和计算方式　　表 4-3

名称单位	GS3——自用水率(%)
指标定义	报告期内水厂生产过程中所消耗的自用水总量与进水总量的比值

续表

计算公式	$GS3=\frac{A_6-A_5}{A_6}\times 100\%$
指标变量	A_5——水厂自产供水量(万 m^3) A_6——水厂进水量(万 m^3)
解释说明	(1)无地表水厂的城市供水企业(单位)不统计该项指标。 (2)地表水厂与地下水厂同时使用的城市供水企业(单位)只统计地表水厂。 (3)首先以水厂为单位单独计算该指标得分,再进行水量加权平均,得出水司的该项指标得分

定量指标 GS4 的定义和计算方式　　　　表 4-4

名称单位	GS4——设备完好率(%)
指标定义	报告期内水厂设备加权完好台日数占总设备加权总台日数的比率
计算公式	$GS4=\frac{A_7}{A_8}\times 100\%$
指标变量	A_7——全厂设备完好台日数(台日) A_8——全厂设备总台日数(台日)
解释说明	(1)设备完好是指设备处于完好的技术状态。设备完好标准总体来说有三条要求: 1)设备性能良好,各项性能参数稳定,能满足生产工艺的要求; 2)设备运转正常,零部件齐全,安全防护装置良好,磨损、腐蚀程度不超过规定的标准,控制系统、计量仪表和液压系统工作正常; 3)动力消耗正常,无漏油、漏水、漏气、漏电现象,外表清洁整齐。 计算范围的设备类型可参考附录 E。 (2)设备完好台日数=各设备的数量×相应权重×完好天数的总和,设备总台日数=各设备的数量×相应权重×总天数的总和。 (3)各设备的权重系数可参考附录 E,台日数的加权计算值取整数(小数点后面四舍五入)。 (4)设备完好台日数,可用设备总台日数减去设备不完好台日数得到。 (5)首先以水厂为单位单独计算该指标得分,再进行水量加权平均,得出水司的该项指标得分

4.2　管网运行指标

管网运行类各指标名称、定义、计算公式、指标变量和解释说明见表 4-5～表 4-7。

定量指标 GW1 的定义和计算方式　　　　表 4-5

名称单位	GW1——管网服务压力合格率(%)
指标定义	报告期内按照供水管网测压点设置原则所建立的实时压力监测点,其压力值达到供水管网服务压力标准的合格程度
计算公式	$GW1=\frac{B_1}{B_2}\times 100\%$
指标变量	B_1——水压检测合格次数(次) B_2——水压检测总次数(次)

续表

解释说明	(1)根据住房和城乡建设部发布的行业标准测压点设置均按至少每 10km² 设置一处,最低不得少于 3 处,设置要均匀,并设置在能代表各主要供水管网压力的地点,在管网末梢位置上应适当增加设置点数。原则上尽量建立在供水干管的汇合点、不同水厂供水区域的交汇点及各边缘地区或者人口居住、活动密集区域。必要时可在重点用户、特殊用户建立测压点,对服务压力具有一定的代表性。 (2)供水管网测压点应使用自动压力记录仪,按每小时第 15min、30min、45min、60min 四个时点所记录的压力值综合计算出每天的检测次数及合格次数,然后全日、月、年相加计算出日、月、年的合格率。 (3)居民社区内的二次供水管网若由物业管理,可不考虑在计算范围内。 (4)因不同城市的城市规划、给水设计、供水方式、管网布置、泵站设置、地面高程、供水高程等千差万别,所以测压点在供水管网中的具体设置地点及管网最小服务水头由供水企业(单位)根据各城市供水方式以满足多层住宅供水需要确定,并报城市供水行政主管部门批准或备案

定量指标 GW2 的定义和计算方式 **表 4-6**

名称单位	GW2——管网修漏及时率(%)
指标定义	报告期内供水企业服务区内供水管道损坏后及时修漏次数占全部修漏次数的比率
计算公式	$GW2=\frac{B_3}{B_4}\times 100\%$
指标变量	B_3——管网及时修漏次数(次) B_4——管网修漏次数(次)
解释说明	(1)管网修漏,指针对城市供水管网内的管道及附件、接口漏水、破损、冻坏、丢失、折断、爆管等损坏而实施的修补或修复。 (2)供水管道发生漏水,应及时维修,宜在 24h 之内修复。 (3)发生爆管事故,维修人员应在 4h 内止水并开始抢修,修复时间宜符合下列要求: 1)管道公称直径小于或等于 600mm 的管道应少于 24h; 2)管道公称直径大于 600mm,且小于或等于 1200mm 的管道宜少于 36h; 3)管道公称直径大于 1200mm 的管道宜少于 48h。 注:修复时间指从停水到通水之间这一时间段

定量指标 GW3 的定义和计算方式 **表 4-7**

名称单位	GW3——漏损率(%)
指标定义	用于评定或考核供水单位或区域的漏损水平,由综合漏损率(管网漏损水量与供水总量之比)修正而得
计算公式	$GW3=\left(\frac{B_6}{B_5}-R_n\right)\times 100\%$
指标变量	B_5——供水总量(万 m^3) B_6——漏损水量(万 m^3) R_n——漏损率修正值(%)
解释说明	(1)漏损率评定标准分为两级,一级为 10%,二级为 12%。 (2)漏损率修正值 R_n 的计算详见附录 F。漏损率修正值包括居民抄表到户水量、单位供水量管长、年平均出厂压力和最大冻土深度的修正值。 (3)漏损水量的计算参考附录 G

4.3　营销管理指标

营销管理类各指标名称、定义、计算公式、指标变量和解释说明见表4-8、表4-9。

定量指标 YX1 的定义和计算方式　　**表4-8**

名称单位	YX1——居民家庭用水量按户抄表率(%)
指标定义	报告期供水企业(单位)供水范围内,居民家庭按户抄表的用水量占居民家庭用水总量的比率
计算公式	$YX1=\frac{C_1}{C_2}\times100\%$
指标变量	C_1——居民家庭按户抄表用水量(万 m^3) C_2——居民家庭用水总量(万 m^3)
解释说明	(1)已实施水表按户改造的城市按住房和城乡建设部发布的行业标准的用水分类中的居民家庭用水分类按户抄表统计水量。 (2)非居民家庭(如学校)但按居民家庭用水水价计算的用水量如已按居民家庭用水量合并统计为居民家庭用水量,则应从按居民家庭用水水价计算的用水量中扣除

定量指标 YX2 的定义和计算方式　　**表4-9**

名称单位	YX2——当期水费回收率(%)
指标定义	报告期末供水企业实际收回的水费与应收水费的比值
计算公式	$YX2=\frac{C_3}{C_4}\times100\%$
指标变量	C_3——当年实收水费(万元) C_4——当年应收水费(万元)
解释说明	(1)实收水费是对应于报告期内应收水费中的实际收回的水费,不包括报告期收回的上期的欠费。 (2)应收水费是报告期向各类用户对应计费用水量应收的水费

4.4　水质管理指标

水质管理类各指标名称、定义、计算公式、指标变量和解释说明见表4-10～表4-13。

定量指标 SZ1 的定义和计算方式　　**表4-10**

名称单位	SZ1——国标106项水质样本合格率(%)
指标定义	报告期内城市供水水质符合《生活饮用水卫生标准》GB 5749—2006中106项水质指标限值的合格程度
计算公式	$SZ1=\frac{D_1}{D_2}\times100\%$
指标变量	D_1——106项水质检测合格样本数(次) D_2——106项水质检测样本数(次)

续表

解释说明	(1)按《城市供水水质标准》CJ/T 206—2005 表 3 的要求，以地表水为水源的出厂水每半年检测一次 106 项全项目分析，以地下水为水源的出厂水每年检测一次全项目分析。 (2)城市公共供水企业应建立水质检测室，配备与供水规模和水质检测项目相适应的检测人员和仪器设备。若限于条件，也可将部分项目委托具备相应资质的检测单位检测。 (3)每个水样样本，只要检测的 106 项水质指标中有一项不合格，即认为此样本不合格

定量指标 SZ2 的定义和计算方式　　表 4-11

名称单位	SZ2——出厂水水质 9 项合格率(%)
指标定义	报告期内城市供水企业各水厂出厂水水质 9 项(浑浊度、色度、臭和味、肉眼可见物、消毒剂常规指标、菌落总数、总大肠菌群、耐热大肠菌群、COD_{Mn})达到《生活饮用水卫生标准》GB 5749—2006 的合格程度
计算公式	$SZ2=\frac{D_3}{D_4}\times100\%$
指标变量	D_3——出厂水水质 9 项各单项检测合格次数(次) D_4——出厂水水质 9 项各单项检测次数(次)
解释说明	出厂水水质 9 项按《城市供水水质标准》CJ/T 206—2005 表 3 的要求检验频率为每日不少于一次(将细菌总数改为菌落总数，将余氯改为消毒剂常规指标)，检测限值按《生活饮用水卫生标准》GB 5749—2006 执行

定量指标 SZ3 的定义和计算方式　　表 4-12

名称单位	SZ3——水质综合合格率(%)
指标定义	报告期内《城市供水水质标准》CJ/T 206—2005 表 1 中 42 个检验项目的加权平均合格率
计算公式	$SZ3=\frac{\sum D_5/D_6+D_7/D_8}{7+1}\times100\%$
指标变量	$D_5(D_{5\text{-}1}\sim D_{5\text{-}7})$——管网水水质 7 项各单项检测合格次数(次) $D_6(D_{6\text{-}1}\sim D_{6\text{-}7})$——管网水水质 7 项各单项检测次数(次) D_7——42 项扣除 7 项后各单项检测合格次数(次) D_8——42 项扣除 7 项后各单项检测次数(次)
解释说明	(1)水质综合合格率的检验项目、合格率和计算方式按照《城市供水水质标准》CJ/T 206—2005 执行。 (2)管网水水质 7 项(浑浊度、色度、臭和味、消毒剂常规指标、菌落总数、总大肠菌群、COD_{Mn})(管网末梢点)各单项合格率计算按《城市供水水质标准》CJ/T 206—2005 表 3 的检验项目(余氯改为消毒剂常规指标、细菌总数改为菌落总数)和检验频率(每月不少于两次)执行，检验限值按《生活饮用水卫生标准》GB 5749—2006 执行。 (3)42 项扣除 7 项后的综合合格率计算按《城市供水水质标准》CJ/T 206—2005 表 4 执行，检验频率按《城市供水水质标准》CJ/T 206—2005 表 3 执行，并将表 3 检验项目栏内的“表 1 全部项目”改为《生活饮用水卫生标准》GB 5749—2006 表 1 加表 2 的项目、“表 2 中可能含有的有害物质”改为《生活饮用水卫生标准》GB 5749—2006 表 3 的指标和限值。 (4)城市公共供水企业(单位)应建立水质检测室，配备与供水规模和水质检测项目相适应的检测人员和仪器设备。若限于条件，也可将部分项目委托具备相应资质的检测单位检测

定量指标 SZ4 的定义和计算方式　　表 4-13

名称单位	SZ4——管网水浑浊度平均值(NTU)
指标定义	报告期内供水企业各管网水全部检测点浑浊度的平均值
计算公式	$SZ4=\frac{D_9}{D_{10}}$
指标变量	D_9——管网水取样点浑浊度之和(NTU) D_{10}——管网水浑浊度检测次数(次)
解释说明	(1)按照《城市供水水质标准》CJ/T 206—2005,管网水浑浊度采样检验每月不少于两次,管网末梢水浑浊度采样检验每月不少于一次。 (2)本指标可用于供水企业(单位)之间的横向比较

4.5　综合管控指标

综合管控类各指标名称、定义、计算公式、指标变量和解释说明见表 4-14、表 4-15。

定量指标 ZH1 的定义和计算方式　　表 4-14

名称单位	ZH1——产销差率(%)
指标定义	报告期内供水企业产销差水量与供水总量的比值
计算公式	$ZH1=\left(1-\frac{B_7}{B_5}\right)\times100\%$
指标变量	B_5——供水总量(万 m^3) B_7——计费用水量(万 m^3)
解释说明	(1)水厂出厂水处应安装流量计,对于没有安装流量计的,可按水泵机组运行时间、效率等计算出供水总量。以这种方法计算得出的水量必须特别注明。 (2)本指标由于受到抄总表与抄分户表的比例以及免费供水量对其造成的影响,用于横向比较时需要附加条件。 (3)该指标来源和解释参照《关于试行"城市供水产销差率"统计指标的通知》

定量指标 ZH2 的定义和计算方式　　表 4-15

名称单位	ZH2——用户服务综合满意率(%)
指标定义	报告期内用户对供水服务质量、效果的社会评价满意程度
计算公式	$ZH2=\left(0.4\times\frac{E_2}{E_1}+0.6+\times\frac{E_4}{E_3}\right)\times100\%$
指标变量	E_1——收回有效指标项项数(项) E_2——收回有效满意项项数(项) E_3——客服回访记录(项) E_4——客服回访满意记录(项)
解释说明	(1)由第三方机构开展供水服务质量、效果社会满意度评价,权重占 40%;由水司客户服务中心回访满意度评价,权重占 60%。 (2)用户满意度调查函的格式参考附录 H

运行管理绩效评估定性要素

5.1 供水生产要素

供水生产类定性要素、子要素和评价内容见表5-1。

供水生产类定性要素列表 **表5-1**

要素	子要素	评价内容	
1.1 净水工艺	混合絮凝	1	加药间是否使用和存放合格的净水药剂
		2	加药间药剂是否分类存放并注意防潮
		3	加药间是否注意通风及安全防护
		4	现场考察，絮凝效果是否良好（絮体是否均匀、密实）
	沉淀	1	沉淀池出水浑浊度是否连续监测，正点记录
		2	沉淀池出水浑浊度的合格率是否大于95%（达到内控标准）
	过滤	1	每组或每格滤池出水浑浊度、液位或水头损失、运行周期是否连续检测，正点记录
		2	是否每年对每格滤池做滤层抽样检查（每层含泥量不应大于3%）
		3	滤池出水浑浊度的合格率是否大于95%（达到内控标准）
	消毒	1	是否设置了连续监测（至少每小时1次）的消毒质量控制点
		2	消毒后出水的余氯量是否达到控制设定值
	清水池	1	清水池是否定期检测，并适时清洗
		2	清水池的检测孔、通气孔、人孔及溢流口是否有防水质污染的防护措施
		3	清水池水位是否实时监测，以保证水位不超上下限
	出水泵房	1	二级泵房的水泵机组配置是否达到现行生产运行要求（流量、扬程、备用）
		2	二级泵房是否有出水水压的相应调控手段（调速/调泵），以适应管网中用户水量和水压的变化及节能
	污泥脱水和处理	1	污泥脱水和处理设施配置是否合理
		2	污泥脱水和处理设施配置运行效果是否良好
		3	脱水后污泥的最终处置是否安全无污染
	深度处理	1	深度处理是否建立内控标准
		2	深度处理设施是否正常运行
		3	深度处理设施运行记录是否连续完整

续表

要素	子要素	评价内容	
1.2 水厂自动化与信息化	日常维护管理	1	是否建立了自动化系统运维管理制度
		2	是否安排了专责人员对自动化系统和设备进行巡检、测试和记录
		3	是否每年至少对自动化设备进行一次全面点检和清洁
		4	当系统或设备出现问题时，是否立即处理，并记录故障现象、原因及处理过程
	水厂调度系统	1	检查在调度主机屏幕上的显示数据，净水厂工艺要求的以下各部分数据信号是否接入，运行状况是否正确显示
			1.1 原水
			1.2 加药
			1.3 沉淀
			1.4 滤池和反冲洗
			1.5 出水(清水池和二级泵房)
			1.6 排泥和污泥脱水
			1.7 电气
			1.8 其他(回用水、深度处理等)
	水厂调度室	1	水厂调度室是否建立工作日志制度，记录运行情况、故障发生和处理、检修情况等
		2	水厂调度室的设备是否安装规范，且正常运行(调度主机、服务器、光端机、交换机、路由器、PLC控制器、数据库、组态软件、防火墙和加密保护、UPS电源、安保监控主机等)
		3	水厂调度室是否具有以下功能
			3.1 与总公司、各工作站和PLC站的通信功能
			3.2 数据处理和自动生成报表功能
			3.3 监测和报警功能
	仪器仪表	1	以下基本仪表是否就位，安装规范，运行正常，并有相应的操作规范
			1.1 原水：流量计、浊度仪、pH仪、温度仪
			1.2 加药：液位计、流量计、电子称重仪等自动计量及控制的仪表
			1.3 沉淀池出水：浊度仪
			1.4 滤池：单池或每组配液位计或水头损失仪、浊度仪
			1.5 消毒：消毒药剂投加剂量控制仪表、电子称重仪、漏氯检测仪
			1.6 出水：流量计、浊度仪、余氯计、压力仪、pH仪、温度仪
		2	是否按国家规定或制造厂设定的仪表检定周期对在线仪表进行检定，并做好记录
	生产自动化	1	以下主要工序是否实现两级控制(就地控制和分控站自动控制)
			1.1 进出水泵房开停
			1.2 加药和排泥
			1.3 滤池反冲洗和泵房排渍
			1.4 回用水和污泥处理

续表

要素	子要素		评价内容
1.3 设备运行维护	设备管理制度	1	是否有健全并严格执行的设备采购制度
		2	是否有健全的设备封存、转移和报废制度
		3	是否严格执行设备封存、转移和报废制度
		4	是否有健全的设备台账制度(设备分类和编号)
		5	是否严格按照设备台账制度进行管理
		6	是否有健全的维护、保养制度,满足以下要求
			6.1 明确规定维护、保养的条件和计划(通过审批)
			6.2 主要设备的维护、保养有具体的步骤和要求及责任人
			6.3 设备的维护和保养应有详细的记录
	检修制度	1	是否建立了健全的检修制度
		2	是否配备了足够的设备状态监测和故障诊断仪器仪表
		3	是否针对设备类别制定了检修调试规范
		4	是否建立了设备的巡检、点检制度,并有责任人及详细的记录
		5	是否定期分析设备状态(运行台时、振动、温度、噪声、磨损、腐蚀、各项性能参数、安全防护装置、控制系统、计量仪表、液压系统、动力消耗等),并在此基础上确定设备检修(含调试)计划
		6	设备检修后的记录是否详细完善(包括调试与试运转记录)
	机械设备配置	1	是否具有控制性能良好的自动投药设备,并正常运行
		2	投药设备运行记录是否齐全,且与实际相符
		3	沉淀池排泥设备是否能够正常排泥(手动/自动)
		4	消毒系统设备是否具备稳定可靠的自动加氯(含次氯酸钠、二氧化氯等)、加氨及自动切换功能
		5	消毒系统设备是否配备用于处理紧急事件的手动切换装置
		6	是否对不同种类的水泵(离心泵、立式混流泵、轴流泵、长轴深井泵及潜水电泵等)均制定了相应的运行操作规程并严格执行
		7	水泵是否长期在高效区范围内工作
		8	水泵是否有运行记录,异常情况是否记录并上报
	电气设备配置	1	电动机是否在额定电压的±10%范围内运行
		2	电动机的运行操作规程和记录是否健全
		3	变压器运行操作规程(包括变压器运行巡视检查、停运和投运、新装和试运行)设置是否合理健全
		4	变压器是否正常运行
		5	是否制定了配电装置运行操作规程(高压配电装置、低压配电装置以及电容器)
		6	配电装置的运行记录是否齐全
		7	是否制定了配电装置的异常处理制度,并记录完整

续表

要素	子要素	评价内容	
1.4 能耗管理	能耗分析和节能计划	1	是否设定了节能指标
		2	是否有每季度详细的能耗分析报告
		3	是否每年制定节能降耗方案
		4	是否针对节能降耗制定并实施了节能措施和技改计划
	节能设备使用与计量	1	水厂的以下能耗设备是否采用了国家规定的节能型设备
			1.1 水泵
			1.2 风机
			1.3 电机
			1.4 变压器
		2	水厂对主要能耗设备是否建立了分级计量管理体系
		3	水厂分级计量管理中是否配齐相应的计量仪表
1.5 环境管理		1	是否制定了合格的废弃物管理制度，并严格执行
		2	是否制定了绿化管理制度，并有效实施
		3	厂区内绿化情况是否良好
		4	是否在厂区内公布了标注功能分区的平面布置图
		5	厂区内环境是否清洁整齐(含场地、设备、仪器仪表等)

5.2　管网运行要素

管网运行类定性要素、子要素和评价内容见表 5-2。

管网运行类定性要素列表　　**表 5-2**

要素	子要素	评价内容	
2.1 水压管理	管网服务水压内控标准	1	是否根据各行政区、各街道的地理位置和地面高程，为不同的供水区域分别确定了服务水压内控标准
		2	服务水压内控标准设置是否合理
		3	各供水区域的服务水压是否满足内控标准
	监测点设置	1	测压点设置是否均匀并具有代表性
		2	在供水区域内是否每 $10km^2$ 至少设置一处在线压力监测点(各供水区域不少于 3 处在线压力监测点)
		3	是否在下列位置适当设置测压点
			3.1 供水干管的汇合点与末梢
			3.2 不同水厂供水区域的交汇点及各边缘地区
			3.3 人口居住与活动密集区域
			3.4 重点用户或特殊用户附近

续表

要素	子要素		评价内容
2.1 水压管理	在线监测	1	上位工作站是否建立数据库
		2	上位工作站是否建立监控系统
		3	上位工作站的监控系统是否能对高、低限制报警
		4	在线测压点是否能实现每隔 15min 记录一次数据
		5	在线测压点的全年监测数据，是否完整保存
		6	是否定期监测、校核压力传送器读数的准确性，并做好记录
		7	是否每年定期对在线压力监测点数据进行复核，并做好记录
2.2 管网管理	供水管网规划及建设	1	是否有明确的城市供水专项规划
		2	企业是否依据城市供水专项规划编制年度供水管网建设计划，并按照计划实施
		3	是否根据专项规划及建设计划，制定管网修复更新改造计划，并按照计划实施
	管网运行调度管理	1	供水调度人员是否按要求编制年、月调度计划
		2	供水调度人员是否合理控制管网供水压力
		3	管网调度系统是否实现了用水量分析功能(用水量空间分布、时间分布、分类分布)
		4	管网调度系统是否实现了管网压力分析功能
		5	是否建立了下列辅助系统以优化调度
			5.1 建立水量预测系统
			5.2 建立调度指令系统，对调度过程中所有调度指令的发送、接收和执行过程进行管理，同时对所有时段的数据进行存档，用于查询和分析
			5.3 建立管网数学模型
			5.4 建立调度预案库，包括日常调度预案、节假日调度预案、突发事件预案和计划调度预案
			5.5 建立调度辅助决策系统，包括在线调度和离线调度两部分
	管网维护制度体系	1	是否有管网巡检制度
		2	是否定期对供水管网进行巡视检查
		3	是否制定了检漏计划
		4	是否配备了专业的人员和仪器设备进行检漏工作(也可委托专业检漏单位进行)
		5	是否每月至少进行一次管网漏损数据统计和分析
		6	是否制定了管网维修/抢修制度
		7	是否有完整的维修记录
		8	是否备有足够的抢修维修队伍、设备和备管备件，用于管网突发事件抢修
		9	是否对管网抢修进行记录和跟踪，保证问题解决

续表

要素	子要素		评价内容
2.2 管网管理	工程质量监督及竣工验收	1	是否制定并实施了供水管网工程验收管理制度
		2	是否制定并实施了管网资料管理制度
		3	是否有专人对工程质量及进度持续跟踪监督
		4	对新建和改造管网是否有试压和冲洗记录
		5	工程竣工时，现场质量验收和竣工移交是否有书面记录，并经各方确认（施工单位和管网所等相关部门）
	管网地理信息系统	1	是否建立了管网地理信息系统（GIS）
		2	GIS 系统是否包括管网系统的以下信息
			2.1 管网所在地区的地形地貌
			2.2 地下管线、阀门、消火栓、检测设备和泵站等设施设备的坐标及属性数据
		3	GIS 系统的背景数据是否定期更新
		4	GIS 系统的管网数据是否及时更新
		5	GIS 系统是否有效运用到以下工作中
			5.1 管网管理（包括管网巡检、统计分析、分层管网图）
			5.2 管网检漏（包括漏损事故记录）
			5.3 管网抢修（包括爆管关阀控制）
2.3 二次供水		1	是否制定了二次供水管理条例或办法
		2	是否设立了二次供水远传监控系统
		3	二次供水监控系统运行是否正常
		4	是否制定了二次供水水箱、水池或水塔的清洗规定
		5	是否按照规定定期清洗水司管理的二次供水设施，并记录

5.3 营销管理要素

营销管理类定性要素，子要素和评价内容见表 5-3。

营销管理类定性要素列表 **表 5-3**

要素	子要素		评价内容
3.1 制度建设	建立营销管理部门	1	是否建立了专门的营销管理部门
		2	是否指派固定管理人员负责营销记录及材料整理
		3	营销记录等材料的管理是否妥当，存档（电子/纸质版）是否完整
	营销管理制度	1	是否建立并实施了营销管理制度
		2	是否对管理人员进行了相应培训
		3	管理人员对营销管理制度是否熟悉

续表

要素	子要素		评价内容
3.2 窗口建设	服务窗口	1	是否设立了服务窗口，公开下列服务信息
			1.1 水质和水压信息
			1.2 降压及停水信息
			1.3 服务办理流程
			1.4 收费标准及计费方式
			1.5 服务标准及承诺
			1.6 供水服务规章制度
		2	服务信息公开是否包括下列渠道
			2.1 营业厅查询
			2.2 热线电话询问
			2.3 营业厅内悬挂张贴服务指南
		3	营业厅是否服务规范，方便用户
	营业场所	1	营业场所(厅)是否符合下列规定
			1.1 设置明显标识牌
			1.2 有足够的等候空间
			1.3 设置信息公示和客户评价等服务设施
			1.4 宜设置无障碍通道
		2	营业场所是否窗明墙净，地面整洁，办公用品摆放整齐
3.3 客户服务	客服平台建设	1	是否建立了客户服务中心
		2	是否公开发布了服务承诺
		3	是否建立了专门的供水服务平台网站或移动端应用，或同对应的平台合作，满足客户以下要求
			3.1 可供客户查询账单
			3.2 可以查询水质、水压及水价等信息
			3.3 可以搜索停水公告或其他官方通知
	售后服务和投诉处理	1	供水单位是否建立了24h热线服务，设立了传真、网站、电子邮件、短信等多种媒体服务渠道及自助服务方式
		2	客户反映的售后服务问题是否规定在2h内做出响应，并且在规定的处理期限内解决
		3	客户投诉是否规定在2h内响应，并在5个工作日内处理
		4	是否跟踪客户投诉处理结果，调查处理结果满意度，做好记录
		5	是否制定并公开了处理流程及办法
		6	是否每个季度统计并分析一次客户投诉处理记录
		7	是否根据分析结果制定和实施优化服务的可行计划

续表

要素	子要素	评价内容	
3.3 客户服务	用户管理	1	是否制定并实施了《供用水合同》管理制度
		2	合同文本是否经工商行政部门备案监制
		3	是否针对不同性质用水用户进行分类计量管理
		4	是否建立了用户档案库和档案管理制度
		5	用户档案是否满足以下要求
			5.1 非居民一户一表制的用户档案包括用户接水申请书、施工合同、用户供水接点图、供用水合同、银行托收协议等
			5.2 居民一户一表制的用户档案包括一户一表制改造协议(属于改造的)、供用水合同、缴费方式等
			5.3 建档用户数量齐全,档案内容健全
3.4 抄表收费	收费体系建设	1	是否建立了营业联网收费管理系统
		2	是否设立了收费网点
		3	是否与第三方(银行或支付平台)合作实现了代缴功能
		4	是否实现了移动端支付软件缴费
		5	账单是否标明了用于计算收费金额的所有数据,至少包括
			5.1 应付金额和截止日期
			5.2 读表日期和水表读数(当前和先前)
			5.3 应支付费用的用水量
			5.4 费用明细,包括其他收费事项
	抄表工作	1	是否对水表执行强制检定并作记录
		2	水表检定是否符合《饮用冷水水表检定规程》JJG 162—2019 的规定
		3	水表更换周期是否符合相关规定(用于贸易结算的水表,口径 15～25mm 的使用期限不超过 6 年,口径 40～50mm 的使用期限不超过 4 年)
		4	是否采用了先进的抄读表技术(远程读表或数据采集仪、手持抄表机等)
		5	是否按照规定周期抄表结算并记录
		6	抄表周期有变动时是否提前告知客户
	水费回收机制	1	是否根据每年度水费收缴情况,制定清欠计划
		2	清欠计划是否有效执行
		3	是否设置专人负责欠收水费的催款和后续跟踪,并作相关的进度记录
		4	是否按照程序进行水费催缴

5.4 水质管理要素

水质管理类定性要素、子要素和评价内容见表 5-4。

水质管理类定性要素列表　　表 5-4

要素	子要素		评价内容
4.1 水质设施机构	建立水质检测中心	1	是否建立了水质检测中心实验室
		2	水质检测中心实验室能否检测《城市供水水质标准》CJ/T 206—2005 要求的管网水 7 项水质常规指标
		3	水质检测中心实验室能否检测《城市供水水质标准》CJ/T 206—2005 要求的出厂水水质常规指标
		4	水质检测中心是否配备了专业的水质检测人员(具有水质化验员证)
		5	水质检测中心是否实行三级检验制度
	化验室仪器	1	化验室所用的计量分析仪器是否定期进行计量检定
		2	计量分析仪器在使用过程中是否定期进行检验和维护并作记录
4.2 水质制度标准	水质检测制度	1	是否根据国家水质检测办法及地方水质标准，制定并实施了相应的水质检测制度
		2	水质检测制度规定的检测项目和频次是否满足标准要求(《生活饮用水卫生标准》GB 5749—2006、《城市供水水质标准》CJ/T 206—2005 等)
		3	水质检测制度中是否要求对易发生水质污染的环节提高检测频次
		4	水质检测制度中对超标项目的复检和报告机制设置是否合理
		5	是否严格执行水质检测制度
	水质控制标准	1	是否制定了出厂水的关键水质指标内控标准限值，以确保用户受水点水质满足标准要求
		2	是否针对以下关键工艺，制定了水质关键指标内控标准
			2.1 沉淀池出水
			2.2 滤池出水
		3	关键水质指标和内控标准限值的设置是否合理
4.3 管网水质管理	一般规定	1	是否结合本地区情况制定了供水管网水质管理制度
		2	是否严格实施供水管网水质管理制度
		3	阀门操作时间安排是否合理
		4	是否采取了保障管网水质的措施
		5	管网水质出现异常时，是否临时增加水质监测采样，并根据检测数据分析水质异常原因
	水质检测	1	是否在管网末梢设立了具有代表性的管网水质检测采样点
		2	是否在居民用水点设立了具有代表性的管网水质检测采样点
		3	是否建立了管网水质在线检测系统
		4	是否建立了管网水质检测采样点和在线监测点的定期巡视制度
		5	是否建立了水质检测仪器的维护保养制度
	水质管理	1	是否制定了管网水质异常的应对方案
		2	是否制定了重大水质事故的应急预案
		3	是否制定了应对水质事故的临时供水措施
		4	是否制定了管网清洗计划
		5	是否对运行管道进行定期冲洗并记录

要素	子要素	评价内容	
4.4 原水监测	取水口保护	1	取水口是否设置了符合规定的防护范围(符合《饮用水水源保护区划分技术规范》HJ 338—2018 的相关规定)
		2	取水口是否设立了合格的防护标志(符合《饮用水水源保护区标志技术要求》HJ/T 433—2008 的相关规定)
	原水监测	1	是否设立了原水水质在线监测系统或有代表性的水质监测点
		2	原水水质监测点的水质检验项目是否符合《城镇供水厂运行、维护及安全技术规程》CJJ 58—2009 的相关规定
		3	原水水质监测点的水质检验频率是否符合《城镇供水厂运行、维护及安全技术规程》CJJ 58—2009 的相关规定

5.5 综合管控要素

综合管控类定性要素、子要素和评价内容见表 5-5。

综合管控类定性要素列表 **表 5-5**

要素	子要素	评价内容	
5.1 专业系统应用		1	水司是否已建立以下专业信息管理系统并能正常使用
			1.1 水司调度中心调度指挥系统
			1.2 各水厂调度控制系统
			1.3 管网管理系统
			1.4 实验室管理系统
			1.5 报装管理系统
			1.6 表务管理系统
			1.7 客户档案管理系统
			1.8 财务管理系统
			1.9 公司 OA 系统
5.2 产销差管理	计量管理	1	是否已建立符合相应规范要求的计量管理标准
		2	计量管理记录是否完善
		3	是否使用符合国家现行有关标准规定的计量器具,计算用水量
		4	是否应对大用户的计量器具进行专门管理,根据流量特性的变化适时调整计量器具的规格和计量方式
		5	是否对在线计量器具的计量误差进行了定期跟踪和分析,并建立了相应的档案
		6	是否设置了满足分区计量需要的流量监测点
		7	是否对区域供水量进行综合监测和水量平衡管理
	建立产销差专项管理	1	是否已制定成文的产销差控制管理操作规定
		2	是否已落实负责产销差管理的部门
		3	是否每年至少编写一次产销差分析报告

续表

要素	子要素		评价内容
5.2 产销差管理	制定管网管控计划	1	是否以减少产销差水量为目的，制定了可行的管网改造或管网压力控制管理计划
		2	是否执行了管网管控计划
		3	是否定期针对管网压力控制执行情况编制分析报告
5.3 安全管理	水质安全保障	1	是否制定了突发性水质污染事故应急处理预案
		2	应急设备设施及物料储备是否到位
		3	临时供水技术人员培训是否落实
	生产安全	1	是否建立了岗位责任、交接班、巡回检查、倒停闸操作、安全用具管理和事故报告等规章制度
		2	变电站、配电室值班人员是否按规定进行巡视检查并记录
		3	变电站、配电室是否配备了齐全的安全用具
		4	是否制定并执行了危险化学品使用、管理和存放制度
		5	使用各类气体或高压气体钢瓶前，是否按规定到安全监管部门办理相关许可证件
		6	投加氯、氨、臭氧的车间是否安装有气体泄漏报警装置，并定期检查
		7	投加氯、氨的车间是否配套泄漏吸收和稀释装置，并定期检查
		8	是否制定了有限空间安全作业制度
		9	是否制定了门卫和安保管理制度
		10	是否制定了消防制度，并配备了相应设备设施
		11	是否制定了起重机械安全制度
		12	是否所有生产操作人员及抢修人员均接受过相关安全培训并有相关记录
		13	是否设置了安全生产专职监管人员
	事故管理	1	是否有健全的事故管理制度
		2	发生重大突发事件后，是否对发生原因和处置情况进行评估，并提出评估和整改报告
		3	是否制定了危险事件/突发事件应急预案
		4	事故管理的应急预案是否每年至少演练一次，且相关人员参与率达到80%以上
	管网安全	1	是否针对管网系统及重点地区管线的风险源，进行了安全和风险评估
		2	是否制定和执行了管网安全与应急保障措施
		3	是否建立了管网事故统计、分析和相关档案管理制度，依据管网事故的统计分析数据，提出安全预警方案
		4	是否建立了管网在线监测预警制度，及时发现管网运行的异常，对安全事故进行预警

续表

要素	子要素		评价内容
5.4 人员素质	持证上岗	1	以下主要操作岗位人员是否按规定进行岗前培训并持证上岗
			1.1 净水工、水质检验员
			1.2 泵站操作工、泵站机电设备维修工
		2	供水厂直接从事制水和水质检验的人员，是否经过卫生知识和专业技术培训
		3	供水厂直接从事制水和水质检验的人员，是否每年进行一次健康体检
	员工管理	1	是否建立了员工绩效考核制度
		2	是否建立了工作质量记录制度
		3	是否有职工培训计划及实施记录
		4	是否制定了合理完善的员工手册

运行管理绩效评估结果

6.1 评估报告编制

根据水司填报的数据和现场评审验证结果，编制完成运行管理绩效评估报告，给出评估结论与建议。评估报告应涵盖以下内容：

(1) 供水企业概况：介绍供水企业的公司性质、经营范围、供水能力，管理的供水厂和供水管网，水质检验、设备检修维护和营收管理现状等内容。

(2) 定量绩效指标分析：以表格的形式展示各定量指标的指标值、标准化得分和置信度系数，并以文字形式分析评估水司各定量指标反映的管理水平，并与行业基准水平进行比较。

(3) 定性评估要素分析：以表格的形式展示各定性要素的得分，并以文字形式分析评估水司各定性要素的表现和优缺点。

(4) 评估得分汇总：以表格、柱形图、雷达图等形式，展示比较各类别的定量和定性评估得分以及总分。

(5) 结论与建议：根据评估结果和现场调研发现，总结归纳评估水司的行业定位、工作亮点、问题项与改进建议等。

6.2 评估结果应用

城镇供水系统运行管理绩效评估体系可应用于企业自评和行业自律评价。

参与评估的供水企业可参照运行管理绩效评估报告的结果，研究制定具体的绩效提升计划并组织逐步实施，形成闭环式绩效管控，提升企业管理水平。

地方行业协会可根据各地实际情况，开展供水企业的运行管理绩效评估工作，对绩效评估总分及排名有进步的供水企业予以鼓励或表彰。行业协会可基于多个供水企业的绩效评估结果，编制供水行业运行管理绩效评估报告，总结共性需求和问题，建立行业运行绩效对标管理，推动行业进步。

第7章 运行管理绩效评估验证

7.1 评估验证工作开展过程

(1) 数据收集

绩效评估工作交流会于2019年12月在北京召开，课题组在交流会上向参与评估验证的水司介绍了供水系统运行管理绩效评估体系，并在会后向参与评估验证的水司发放了绩效指标手册及定量和定性评估数据表。

课题组在收到参与评估验证的水司填报的数据后，组织了多次线上评审会，对填报的数据进行质量审核，并根据数据分析的结果，改进绩效指标和评分方法。课题组将识别的数据问题反馈给参与评估验证的水司后，水司针对反馈进行了修改。

(2) 现场调研

专家组于2019年9月对示范水司进行了现场调研。现场调研包括以下内容：

1) 召开启动会，介绍双方人员，确定评估计划；

2) 查阅填报数据和资料的原始文件，了解企业基本情况，核实相关证明材料；

3) 访谈相关人员；

4) 现场考察相关设施；

5) 更新部分指标变量数据，复评定量指标得分；

6) 根据评分细则，进行定性要素打分；

7) 召开座谈会，总结和反馈现场考察的情况。

(3) 定量/定性评估得分计算

在获得修改的数据后，课题组根据《城镇供水运行管理技术应用绩效评估手册》中规定的计算方法，对定量指标和定性要素的得分都进行了计算，计算结果见本章节后文。

(4) 绩效评估报告

课题组根据供水企业填报的数据和现场考察结果，整理绩效评估结果，编制绩效评估报告。参与评估的供水企业可在评估结果基础上，研究制定具体的绩效提升计划并组织逐步实施，形成闭环式绩效管控，提升企业管理水平。课题组基于多个供水企业的绩效评估结果，总结共性需求和问题，进一步优化供水系统运行管理绩效评估体系。

7.2 示范水司介绍

共有六个水司（基本情况见表7-1）及每个水司管理的两家净水厂（共十二家水厂）

参与本次供水系统运行管理绩效评估验证工作，分别为：

（1）水司A的1水厂和2水厂；

（2）水司B的3水厂和4水厂；

（3）水司C的5水厂和6水厂；

（4）水司D的7水厂和8水厂；

（5）水司E的9水厂和10水厂；

（6）水司F的11水厂和12水厂。

示范水司基本情况列表 **表7-1**

项目	水司A	水司B	水司C	水司D	水司E	水司F
公司性质	中外合资企业	股份有限公司	股份有限公司	股份有限公司	国有企业	国有企业
水源	水库水	长江水	湖泊水	河流水	水库水	水库水
员工人数(人)	108	467	569	701	192	1527
经营水厂数量(个)	3	4	3	4	2	8
服务面积(km^2)	20	239	361	115	502	4650
服务人口(万人)	23	96	370	105	31	90
供水能力(万m^3/d)	12.2	41.6	80	37	6.8	83
年售水量(万t)	2698	9280	18384	6443	803	17295
管网总长(km)	263	1580	1902	1583	2070	4094

注：表中数据的统计年份为2018年。

7.3 示范水司横向评估分析

7.3.1 供水生产类

7.3.1.1 定量指标评估

供水生产类定量评估涵盖了GS1水厂供水能力利用率（%）、GS2配水单位电耗[kWh/(km^3·MPa)]、GS3自用水率（%）和GS4设备完好率（%）四个方面。六个水司的供水生产类定量指标2018年评估值见表7-2。

供水生产类定量指标评估值（2018年） **表7-2**

水司	水厂	GS1	GS2	GS3	GS4
水司A	水厂1	76.69	—	1.60	99.86
	水厂2	76.75	—	2.11	99.35
水司B	水厂3	82.57	440.32	5.64	99.56
	水厂4	115.70	389.29	5.00	99.53
水司C	水厂5	98.11	337.50	3.78	98.94
	水厂6	68.63	332.56	2.38	99.12
水司D	水厂7	81.63	514.52	6.00	99.98
	水厂8	94.30	520.02	6.00	100.00

续表

水司	水厂	GS1	GS2	GS3	GS4
水司E	水厂9	86.67	432.88	8.23	99.14
水司F	水厂11	56.67	483.49	1.25	100.00
	水厂12	89.66	425.87	6.98	100.00
基准值		80.00	380.00	5.00	95.00

GS1 水厂供水能力利用率保持在 80%～90%为佳。水司 B 管理的水厂 4 的供水能力利用率偏高，目前水厂 4 二期正在扩建，扩建完成后供水能力紧张的情况将会得到缓解；水司 C 管理的水厂 6 和水司 F 管理的水厂 11 的供水能力利用率偏低，部分供水能力没有得到有效利用；其他水厂的供水能力利用率都保持在适宜的范围（70%～100%）。

GS2 配水单位电耗只与水泵组运行效率有关，因此可用于各供水企业能耗管理水平的横向比较。《城市供水行业 2010 年技术进步发展规划及 2020 年远景目标》建议 2010 年配水单位电耗达到 380kWh/(km^3 · MPa)，2020 年配水单位电耗达到 350kWh/(km^3 · MPa)。根据示范水司填报的数据，目前大部分水司的能耗管理水平偏低，仅水司 C 管理的水厂达到了配水单位电耗的行业目标。水司 A 的水厂 1 和水厂 2 采用重力流出流，配水单位电耗指标不适用。

地表水厂自用水量主要是生产过程中所消耗的用水量，如生产工艺中的反冲洗用水及厂内用水，而不包括企业的生活用水。根据《室外给水设计标准》GB 50013—2018 第 9.1.3 条，水厂自用水量应根据原水水质、处理工艺和构筑物类型等因素通过计算确定，自用水率可采用设计规模的 5%～10%。示范水司的自用水率基本分为两个档次，水司 A 和水司 C 处理回用了生产废水，自用水率小于 4%，其他示范水司的自用水率基本在 5%～8%的合理范围内。

GS4 设备完好率反映了水司的设备管理水平。从示范水司填报的数据来看，六个示范水司对设备管理非常重视，各评估水厂的设备完好率都大于 98%。

7.3.1.2　定性要素评估

供水生产类定性评估涵盖了净水工艺、水厂自动化与信息化、设备运行维护、能耗管理和环境管理五个方面。六个水司的供水生产类定性评估得分见表 7-3。

供水生产类定性评估得分　　**表 7-3**

水司	水厂	要素得分				
		净水工艺（30分）	水厂自动化与信息化（25分）	设备运行维护（30分）	能耗管理（10分）	环境管理（5分）
水司A	水厂1	25.20	21.35	27.70	7.00	5.00
	水厂2	30.00	22.20	28.80	7.20	5.00
水司B	水厂3	23.67	21.73	27.60	6.70	4.70
	水厂4	25.67	22.18	27.60	6.70	4.70
水司C	水厂5	28.35	21.35	28.80	7.80	4.70
	水厂6	28.65	22.83	28.80	7.95	4.70

续表

水司	水厂	要素得分				
		净水工艺（30分）	水厂自动化与信息化（25分）	设备运行维护（30分）	能耗管理（10分）	环境管理（5分）
水司D	水厂7	18.05	3.20	18.80	3.40	5.00
	水厂8	18.45	11.45	17.40	4.15	4.70
水司E	水厂9	22.20	12.55	20.40	2.00	3.20
水司F	水厂11	25.65	19.95	28.50	8.50	5.00
	水厂12	27.90	22.83	29.40	8.50	5.00

7.3.2 管网运行类

7.3.2.1 定量指标评估

管网运行类定量评估涵盖了GW1管网服务压力合格率（%）、GW2管网修漏及时率（%）和GW3漏损率（%）三个方面。六个水司的管网运行类定量指标2018年评估值见表7-4。

管网运行类定量指标评估值（2018年） 表7-4

水司	GW1	GW2	GW3
水司A	100.00	100.00	10.98
水司B	99.38	100.00	10.53
水司C	98.51	100.00	20.85
水司D	98.98	100.00	20.33
水司E	94.83	100.00	10.92
水司F	99.93	100.00	1.68
基准值	96.00	90.00	12.00

根据示范水司填报的数据可知，除了水司E外，其他示范水司的管网服务压力合格率皆高于98%。但是在现场调研中发现，部分水司的测压点设施数量达不到要求，控制点压力设置标准达不到实际供水服务要求，测压系统维护不足。评估组通过数据的置信度，调整了该指标的评估得分。

非特殊原因，供水企业应在对外服务承诺的时间内对漏水管道进行及时修复。根据示范水司填报的数据，各示范水司的管网修漏及时率都达到了100%。

《城镇供水管网漏损控制及评定标准》CJJ 92—2016规定，城镇供水管网漏损率分为两级，一级为10%，二级为12%。水司F大量出厂水直接输送给大户，工业用水占比非常高（70%以上），产销差率非常低。根据示范水司填报的数据，经过修正后，水司A、水司B和水司E的漏损率均小于11%，达到了二级评定标准；水司C和水司D的漏损率较高，达到了20%左右。

7.3.2.2 定性要素评估

管网运行类定性评估涵盖了水压管理、管网管理和二次供水三个方面。六个水司的管网运行类定性评估得分见表 7-5。

管网运行类定性评估得分 表 7-5

水司	水压管理(25 分)	管网管理(65 分)	二次供水(10 分)
水司 A	24.40	63.10	10.00
水司 B	22.30	63.95	10.00
水司 C	21.40	50.75	10.00
水司 D	17.40	42.25	10.00
水司 E	17.28	41.56	0.00*
水司 F	17.90	46.80	8.40

* 水司E不负责二次供水，该部分评价内容不适用，在计算类别得分时，该部分内容的权重分配给了水压管理和管网管理。

7.3.3 营销管理类

7.3.3.1 定量指标评估

营销管理类定量评估涵盖了 YX1 居民家庭用水量按户抄表率（%）和 YX2 当期水费回收率（%）两个方面。六个水司的营销管理类定量指标 2018 年评估值见表 7-6。

营销管理类定量指标评估值（2018 年） 表 7-6

水司	YX1	YX2
水司 A	44.77	99.51
水司 B	73.57	99.42
水司 C	86.55	99.02
水司 D	69.35	98.76
水司 E	47.94	100.00
水司 F	22.13	98.29
基准值	70.00	95.00

水司C的居民家庭用水量按户抄表率最高，达到了86.55%；水司B和水司D的居民家庭用水量按户抄表率较高，达到或接近行业基准值 70%；水司 A 只有 44.77%的居民家庭用水量按户抄表，其他居民家庭用水量按集体户总表；水司 E 的居民家庭用水量按户抄表率也不高，50%以上的供水抄表到小区或村庄总表；水司 F 的居民供水中，仅有企业家属楼范围内实现了按户抄表，其他均按总表结算。

六个示范水司对水费回收工作较为重视，水费收缴管理合理有效，当期水费回收率皆高于 98%。

7.3.3.2 定性要素评估

营销管理类定性评估涵盖了制度建设、窗口建设、客户服务和抄表收费四个方面。六个水司的营销管理类定性评估得分见表 7-7。

营销管理类定性评估得分　　表 7-7

水司	制度建设(13 分)	窗口建设(17 分)	客户服务(31 分)	抄表收费(39 分)
水司 A	13.00	17.00	31.00	38.00
水司 B	13.00	17.00	31.00	34.40
水司 C	13.00	16.40	30.40	34.60
水司 D	13.00	17.00	28.25	33.80
水司 E	13.00	14.20	29.80	38.40
水司 F	13.00	16.00	25.05	39.00

7.3.4　水质管理类

7.3.4.1　定量指标评估

水质管理类定量评估涵盖了 SZ1 国标 106 项水质样本合格率（%）、SZ2 出厂水水质 9 项合格率（%）、SZ3 水质综合合格率（%）和 SZ4 管网水浑浊度平均值（NTU）四个方面。六个水司的水质管理类定量指标 2018 年评估值见表 7-8。

水质管理类定量指标评估值（2018 年）　　表 7-8

水司	SZ1	SZ2	SZ3	SZ4
水司 A	100.00	100.00	100.00	0.10
水司 B	100.00	100.00	100.00	0.30
水司 C	100.00	100.00	100.00	0.32
水司 D	100.00	100.00	100.00	0.46
水司 E	100.00	100.00	100.00	0.47
水司 F	100.00	100.00	100.00	0.46
基准值	95.00	95.00	95.00	0.80

根据《生活饮用水卫生标准》GB 5749—2006 及《城市供水水质标准》CJ/T 206—2005，国标 106 项水质样本合格率、出厂水水质 9 项合格率、水质综合合格率应满足 95%的要求，管网水浑浊度平均值应低于 1NTU。根据示范水司填报的数据，六个示范水司的水质合格率都达到了 100%，管网水浑浊度皆低于 0.5NTU。

7.3.4.2　定性要素评估

水质管理类定性评估涵盖了水质设施机构、水质制度标准、管网水质管理和原水监测四个方面。六个水司的水质管理类定性评估得分见表 7-9。

水质管理类定性评估得分　　表 7-9

水司	水质设施机构(30 分)	水质制度标准(30 分)	管网水质管理(30 分)	原水监测(10 分)
水司 A	28.80	27.90	27.60	10.00
水司 B	28.80	24.00	25.00	8.00
水司 C	30.00	27.60	27.00	10.00
水司 D	28.80	21.00	22.40	6.80
水司 E	24.60	21.00	15.80	8.80
水司 F	30.00	22.60	24.40	8.80

7.3.5　综合管控类

7.3.5.1　定量指标评估

综合管控类定量评估涵盖了 ZH1 产销差率（%）和 ZH2 用户服务综合满意率（%）两个方面。六个水司的综合管控类定量指标 2018 年评估值见表 7-10。

综合管控类定量指标评估值（2018 年）　　表 7-10

水司	ZH1	ZH2
水司 A	14.83	98.36
水司 B	16.58	100.00
水司 C	24.98	96.41
水司 D	27.83	82.80
水司 E	14.45	99.06
水司 F	14.45	99.95
基准值	16.00	80.00

水司 A、水司 B、水司 E 和水司 F 的产销差管理较好，2018 年的产销差率均达到或接近行业基准值 16%。水司 C 和水司 D 2018 年的产销差率相对较好，达到了 20%以上，但对比两个水司 2016 年的产销差率 33.55%和 33.33%，均有了较大的进步。

除了水司 D 外，其他五个示范水司的用户服务综合满意率皆在 96%以上。水司 D 的用户服务综合满意率相对较低，但也在行业基准值之上。

7.3.5.2　定性要素评估

综合管控类定性评估涵盖了专业系统应用、产销差管理、安全管理和人员素质四个方面。六个水司的综合管控类定性评估得分见表 7-11。

综合管控类定性评估得分　　表 7-11

水司	专业系统应用(18 分)	产销差管理(32 分)	安全管理(40 分)	人员素质(10 分)
水司 A	18.00	29.50	37.80	10.00
水司 B	18.00	30.80	37.00	10.00
水司 C	18.00	31.00	37.60	8.00
水司 D	9.80	27.40	32.10	10.00
水司 E	3.00	10.00	24.80	10.00
水司 F	16.00	26.00	37.40	8.90

7.4　评估验证结果

7.4.1　评估总分对比

六个示范水司 2018 年绩效评估总分如图 7-1 所示。根据表 3-2 和表 3-3，示范水司绩效评估分级见表 7-12。

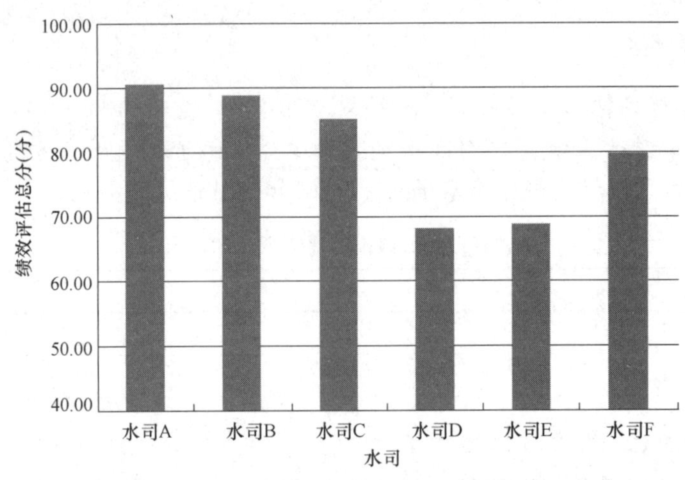

图 7-1 示范水司绩效评估总分对比图

示范水司绩效评估分级表 **表 7-12**

水司	供水生产评级	管网运行评级	营销管理评级	水质管理评级	综合管控评级	总分评级
水司 A	A	B	B	A	A	卓越
水司 B	B	A	B	A	A	优秀
水司 C	B	D	A	A	B	优秀
水司 D	E	D	B	B	D	一般
水司 E	D	D	B	C	D	一般
水司 F	C	C	C	A	B	良好

水司 A 的总分最高，总分评级为卓越。水司 A 实现了该地区的直饮供水，供水生产和水质管理都达到了全国领先水平，在管网运行、营销管理、设备管理、安全管理、环境健康管理等方面都规范有序，并且不断向精益化管理迈进。

水司 B 的总分评级达到了优秀。水司 B 是一个经营管理基础较好、运行平稳的水务公司，在生产管理、设备管理、安全管理、管网管理和营销管理等方面的工作都比较扎实。近年来通过水厂工艺改造和扩建、管网改造和新建、水厂自控系统改造和公司信息化系统的升级，供水能力和供水安全及保障性有了很大的提升。

水司 C 的总分评级为优秀。水司 C 各方面管理规范有序，水厂的设备配置和运行维护较好。在完成水厂 5 的扩建和水厂 6 的新建后，水司 C 的供水能力和供水保障性有了很大的提升。由于历史原因，水司 C 的漏损率和产销差率较高，近几年在实施加强计量管理、加强管网检漏和巡检等措施后，产销差控制提升的效果极为显著，但仍然高于行业考核的基准水平，需要保持积极主动的心态，进一步加强精细化管理。

水司 D 的总分评级为一般。水司 D 是供排一体的水务公司，除了承担全市供水任务外，还承担着全市污水处理的任务，厂多面广，供水基础相对薄弱。水厂各制水单元基本维持在半自动控制水平，将水厂的重要设备逐步列入更新改造计划，应用了统一的生产、设备、安全、环境管理制度标准，保证了水厂的正常生产运行和出厂水质。目前该水司的信息化水平低，专业人员缺乏，业务管理系统配置不足，产销差率与漏损率偏高，在供水生产和管网调度方面都需要进一步提升管理水平。

水司E的总分评级为一般。水司E是全国率先完成城乡供水一体化的标杆县级水司。水司E供水规模较小，信息化程度不高，但是内部基础管理较为规范，台账资料齐全，服务意识好，水费回收率高。水司E需要逐步加强供水生产管理，加强员工的业务培训和供水安全意识，完善管网测压点建设，并且进一步提高信息化管理水平。

水司F的总分评级为良好。水司F是由某央企转到地方的水务公司，现在仍在转型过渡，其供水区域广、水厂多、管线长，仍保留着央企良好的规范管理方式，在水厂管理上有较好的基础，重视生产安全管理，制水工艺管理规范有序。但由企业供水模式向市政供水模式转变后，在能源管理、计量管理、设备管理、企业信息化等方面需要尽快重新梳理、调整和应用，以提高企业的管理效率，并且应进一步提高标准化服务水平。

7.4.2 综合绩效结果

各评估水厂运行正常，水质检测中心设备较为齐全，出厂水和管网水水质全部达到或优于国家标准；供水生产、设备管理和安全管控等的管理制度比较健全；各水厂基本配置了SCADA系统和在线仪表，有些制水单元实现了自动控制（例如滤池、反冲洗系统等），但尚未形成全厂的自动化、信息化融合。

部分示范水司的供水运行管理安于现状，缺乏未来中长期的发展规划，精细化的生产管理未得到重视；个别水司设施和技改投入不足，设备偏老化、管理趋弱化；企业发展动力不足。

各示范水司均建立了管网巡检、检漏、抢修维修等管理制度，定期对管线进行巡视，管网检漏计划、台账完善；管网抢修维修及时，并进行了跟踪和记录，管理规范。

各示范水司均设立了专门的营销管理部门，制定并认真执行了各项营销管理制度；建立了营业联网收费管理系统，实现了移动端支付软件缴费；营销记录及档案材料整理、保存完整，设有专人负责，当年水费回收率都达到了98%以上。

各示范水司均设置了服务窗口，公开了水质、水压、停水、收费标准、办事流程等各项服务信息，公开了服务标准及承诺；客服平台设立了24h热线服务，可咨询水费单据及停水等的各项信息；对报修、投诉等及时派单，跟踪处理，定期汇总分析。

本次绩效评估验证工作中，发现示范水司在运行管理方面存在以下共性问题：

（1）水质三级检验：大部分示范水司都建立了水质三级检验制度，但是厂级和班组的水质检验普遍流于形式，执行不到位。

（2）进水流量计量：大部分示范水司没有配置进水流量仪，或从不定期校验进水流量仪，对于水厂的自用水也缺乏准确计量，反映出对水资源的保护意识不足。

（3）水厂SCADA系统应用：大部分评估水厂都建立了SCADA系统，但是SCADA系统的报表、历史曲线和数据分析功能薄弱，无法方便地显示和分析供水设施的运行情况，大部分水厂中控室操作人员很少有主动分析监测数据、优化供水生产的意识。

（4）GIS系统应用：大部分示范水司建立了GIS系统，但是GIS系统数据及时维护和深入应用还需要进一步提升。

（5）信息孤岛：在示范水司信息系统的应用中普遍存在信息孤岛现象，需要统一的信息化平台规划和建设，整合信息化资源。

（6）管网压力：示范水司都设置了管网测压点，但是在现场调研中发现部分水司存在管网测压点数量达不到要求、合格标准设置不够合理和测压系统维护不足等问题。

（7）水平衡分析：漏损控制是每个水司的工作重点之一，但基于水平衡分析对漏损水量进行有效分解的工作，还需要进一步加强。

（8）在线仪表管理：现场调研时在各示范水司或多或少都发现了水质在线仪表测量误差大，或停用待修时间过长的现象，应加强在线仪表的定期维护巡检。

（9）能耗管理：大部分示范水司对能耗管理工作的重视程度不够，没有建立能源分级计量体系，缺少定期的能耗分析和年度节能降耗计划，因此应加强系统的能耗分析工作，以进一步明确节能降耗空间并进行投入产出分析。

（10）用户服务满意度：大部分示范水司从未委托过第三方公司开展用户服务满意度评估，从侧面反映出供水企业的服务意识有待加强。

7.4.3 评估验证结论

在本次评估验证工作中，六个示范水司的绩效评估结果为一家水司卓越，两家水司优秀，一家水司良好，两家水司一般。绩效评估结果具有区分度，且基本与现场调研时专家的判断一致，说明了城镇供水系统运行管理绩效评估指标体系能够客观全面地反映供水企业的运行管理水平。

本指标体系的合理性具体体现在以下方面：

（1）系统性：城镇供水系统运行管理绩效评估指标体系，结合定量和定性评价，设置了供水生产、管网运行、营销管理、水质管理和综合管控五个评估类别，既能有针对性地细致梳理单个方面的表现，也能综合各方面全面系统地反映出评价对象的整体运行管理水平和主要影响因素。

（2）适用性：城镇供水系统运行管理绩效评估指标体系，能体现供水企业（单位）运行管理的通用要求，绝大部分定量指标和定性要素适用于县级以上的城镇市政供水企业（单位）。针对常见的评估指标或要素不适用情况，手册中提供了处理建议，可以避免部分供水企业的特殊情况或性质对系统性评估的影响。

（3）可比性：本评估指标体系参考行业管理要求、平均水平和优秀实践，制定了行业基准值和评价要素，作为统一的评估标准。同一评估指标或要素对所有的评估对象具有相同的标准尺度，便于评估对象间相互比较和分析。

（4）可量化性：本评估指标体系明确设置了定量指标的计算方法和定性要素的定量处理方式，能将水司各方面管理的定量、定性和综合评估结果，以得分的形式直观量化地呈现。评估验证结果也表明量化的得分能够较为真实客观地反映水司的管理水平。

（5）可操作性：本次评估验证工作选取了六个性质和位置有差异性的示范水司，按照本手册规定的方法开展供水运行管理的绩效评估，评估过程顺利高效，证明了城镇供水系统运行管理绩效评估指标体系具有很强的现实可操作性。定量评估的指标定义和计算方法明确，变量数据来源和收集方式的指示性明确；定性要素深入供水运行管理的最佳实践，微观性强，便于理解，对供水企业管理有直接的指导意义。

（6）有效性：在开展评估验证工作中，示范水司对绩效评估过程和结果均提供了良好的反馈，认为绩效评估工作可以有效地为供水企业（单位）的运行管理情况进行现状梳理和问题识别，定性评估表可以直接作为管理工具指导供水企业的生产、运行和服务。此外，在供水系统运行管理绩效评估工作中发现的行业现状和共性问题等信息，可以反馈给行业管理部门作为政策制定和科学管理的依据。

定量指标评分标准化曲线

1. GS1 水厂供水能力利用率（%）

水厂供水能力利用率评分标准化曲线见图 A-1，评分计算公式见式（A-1）。

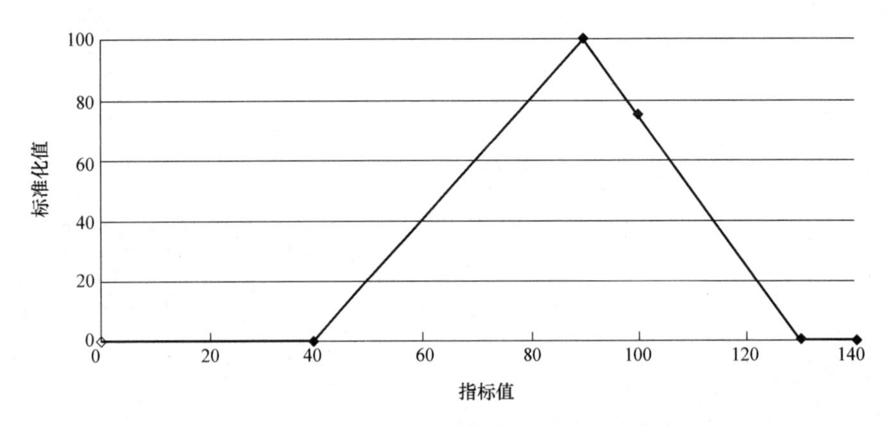

图 A-1　水厂供水能力利用率评分标准化曲线

$$f(x)=\begin{cases}0, & x<40\\ 2x-80, & 40\leqslant x<90\\ -2.5x+325, & 90\leqslant x<130\\ 0, & x\geqslant 130\end{cases} \tag{A-1}$$

2. GS2 配水单位电耗［kWh/(km³ · MPa)］

配水单位电耗评分标准化曲线见图 A-2，评分计算公式见式（A-2）。

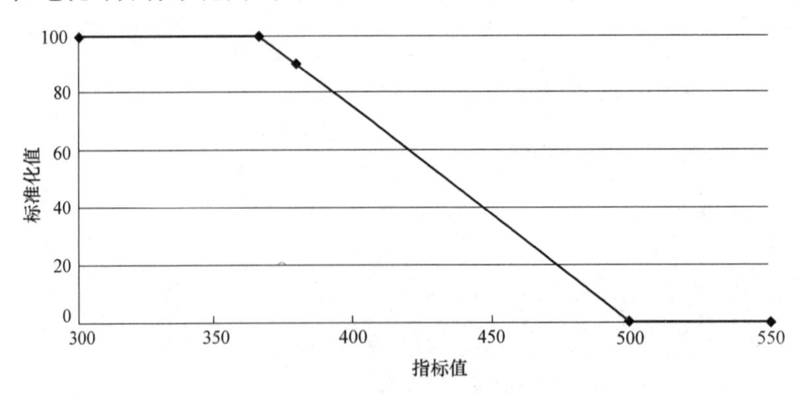

图 A-2　配水单位电耗评分标准化曲线

$$f(x)=\begin{cases}100, & x\leqslant 367\\ -0.75x+375, & 367<x\leqslant 500\\ 0, & x>500\end{cases}\tag{A-2}$$

3. GS3 自用水率（%）

自用水率评分标准化曲线见图 A-3，评分计算公式见式（A-3）。

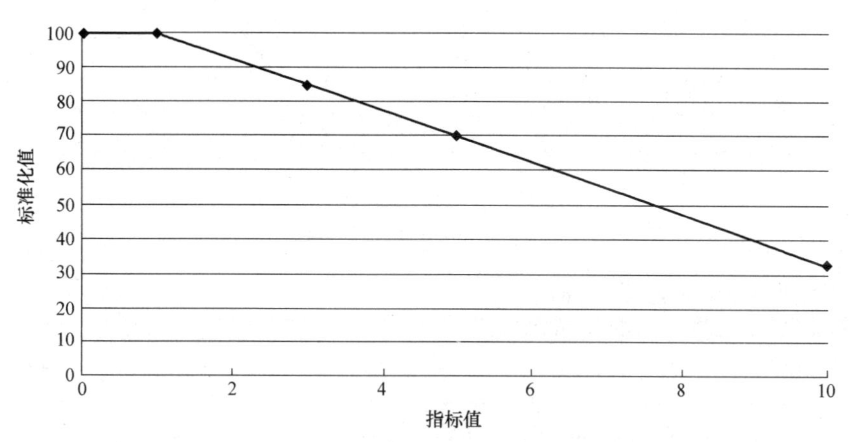

图 A-3　自用水率评分标准化曲线

$$f(x)=\begin{cases}100, & 0\leqslant x\leqslant 1\\ -7.5x+107.5, & 1<x\leqslant 10\\ 0, & 10<x\leqslant 100\end{cases}\tag{A-3}$$

4. GS4 设备完好率（%）

设备完好率评分标准化曲线见图 A-4，评分计算公式见式（A-4）。

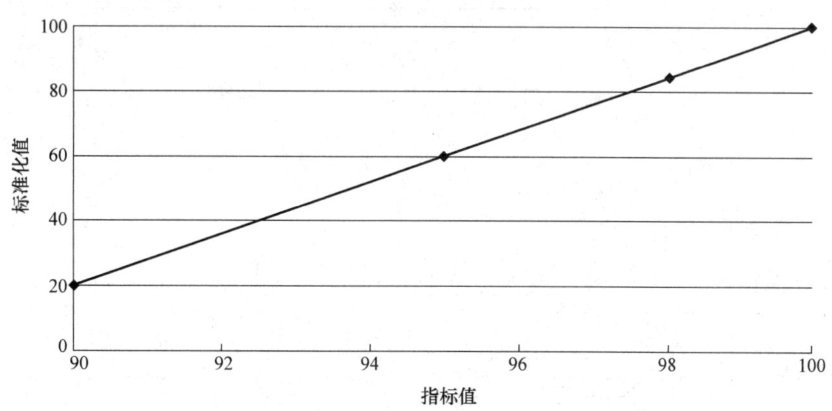

图 A-4　设备完好率评分标准化曲线

$$f(x)=\begin{cases}0, & x<90\\ 20+8(x-90), & 90\leqslant x\leqslant 100\end{cases}\tag{A-4}$$

5. GW1 管网服务压力合格率（%）

管网服务压力合格率评分标准化曲线见图 A-5，评分计算公式见式（A-5）。

$$f(x)=\begin{cases}0, & 0\leqslant x\leqslant 87.5\\ 8x-700, & 87.5<x\leqslant 100\end{cases}\tag{A-5}$$

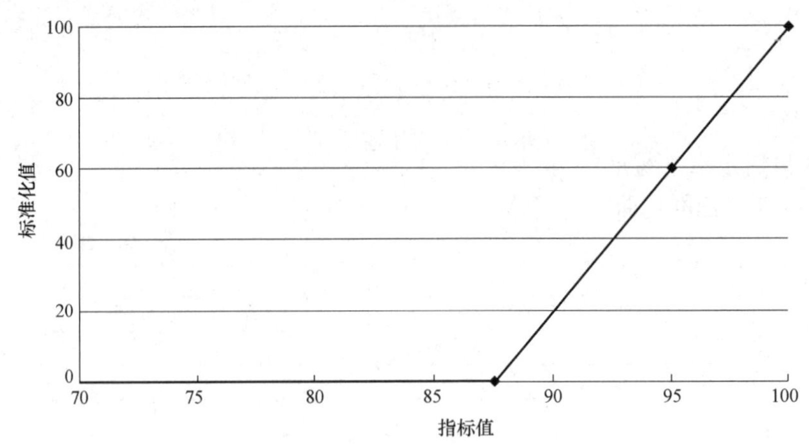

图 A-5　管网服务压力合格率评分标准化曲线

6. GW2 管网修漏及时率（%）

管网修漏及时率评分标准化曲线见图 A-6，评分计算公式见式（A-6）。

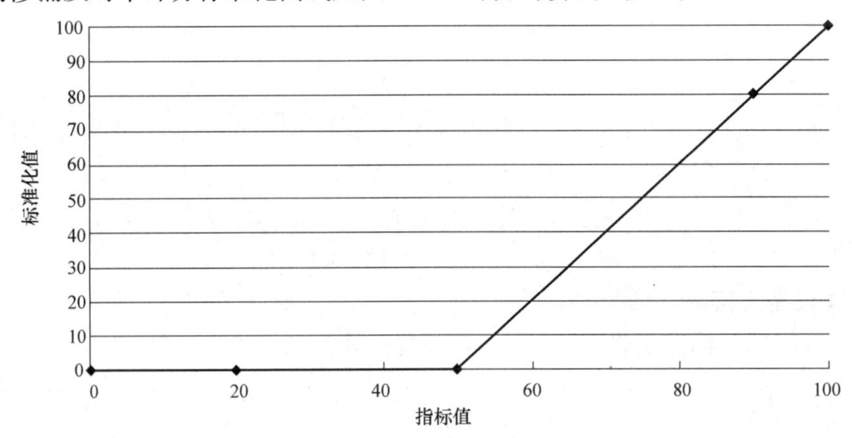

图 A-6　管网修漏及时率评分标准化曲线

$$f(x)=\begin{cases}0, & 0\leqslant x\leqslant 50\\ 2x-100, & 50<x\leqslant 100\end{cases} \tag{A-6}$$

7. GW3 漏损率（%）

漏损率评分标准化曲线见图 A-7，评分计算公式见式（A-7）。

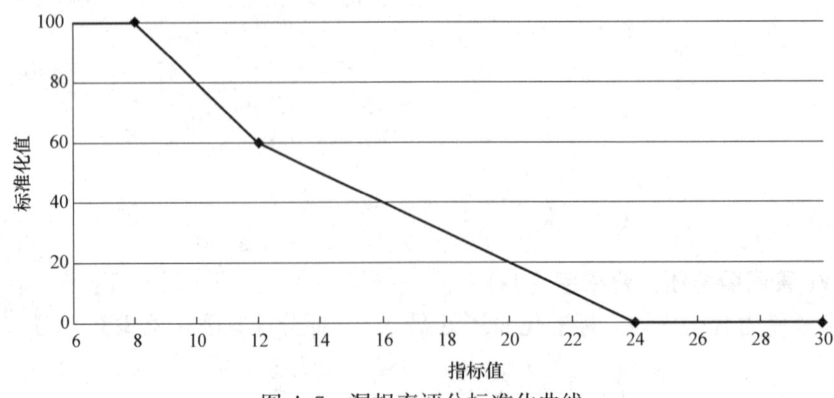

图 A-7　漏损率评分标准化曲线

$$f(x)=\begin{cases}100, & x\leqslant 8\\180-10x, & 8<x\leqslant 12\\120-5x, & 12<x\leqslant 24\\0, & x>24\end{cases} \tag{A-7}$$

8. YX1 居民家庭用水量按户抄表率（%）

居民家庭用水量按户抄表率评分标准化曲线见图 A-8，评分计算公式见式（A-8）。

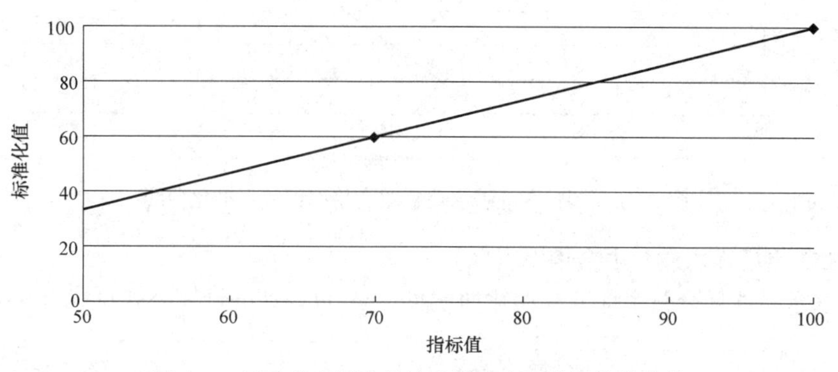

图 A-8　居民家庭用水量按户抄表率评分标准化曲线

$$f(x)=\frac{4}{3}x-\frac{100}{3} \tag{A-8}$$

9. YX2 当期水费回收率（%）

当期水费回收率评分标准化曲线见图 A-9，评分计算公式见式（A-9）。

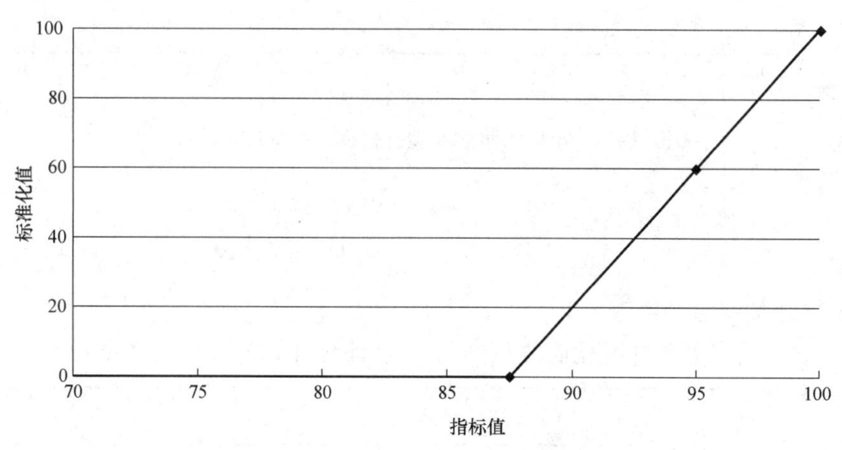

图 A-9　当期水费回收率评分标准化曲线

$$f(x)=\begin{cases}0, & 0\leqslant x\leqslant 87.5\\8x-700, & 87.5<x\leqslant 100\end{cases} \tag{A-9}$$

10. SZ1 国标 106 项水质样本合格率（%）

国标 106 项水质样本合格率评分标准化曲线见图 A-10，评分计算公式见式（A-10）。

$$f(x)=\begin{cases}0, & 0\leqslant x\leqslant 87.5\\8x-700, & 87.5<x\leqslant 100\end{cases} \tag{A-10}$$

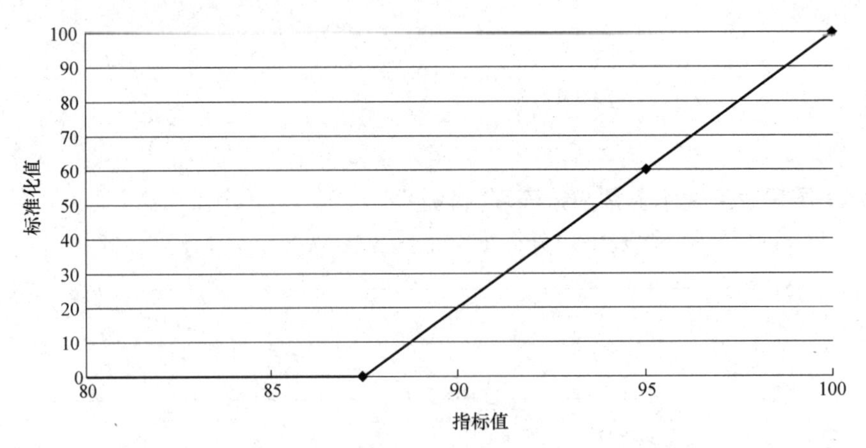

图 A-10　国标 106 项水质样本合格率评分标准化曲线

11. SZ2 出厂水水质 9 项合格率（%）

出厂水水质 9 项合格率评分标准化曲线见图 A-11，评分计算公式见式（A-11）。

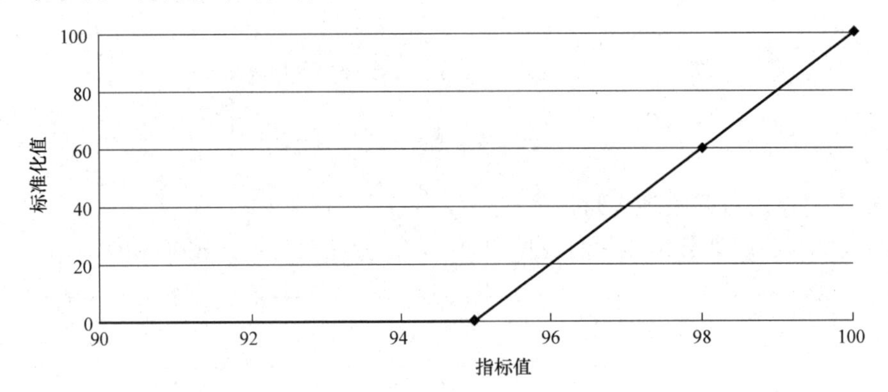

图 A-11　出厂水水质 9 项合格率评分标准化曲线

$$f(x)=\begin{cases}0, & 0\leqslant x\leqslant 95\\ 20(x-95), & 95<x\leqslant 100\end{cases} \tag{A-11}$$

12. SZ3 水质综合合格率（%）

水质综合合格率评分标准化曲线见图 A-12，评分计算公式见式（A-12）。

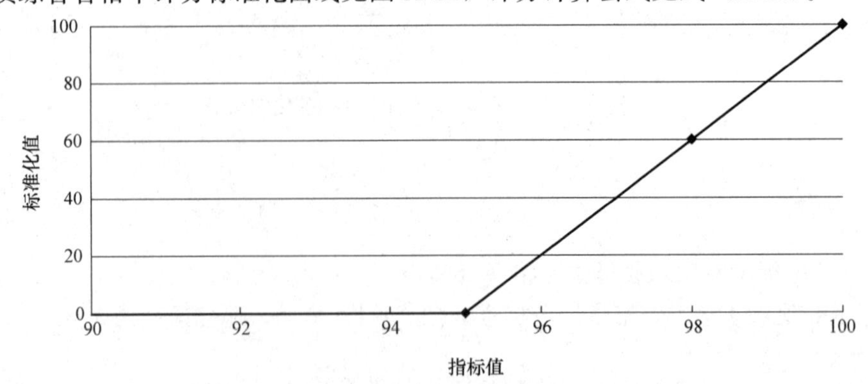

图 A-12　水质综合合格率评分标准化曲线

$$f(x)=\begin{cases}0, & 0\leqslant x\leqslant 95\\ 20(x-95), & 95<x\leqslant 100\end{cases} \tag{A-12}$$

13. SZ4 管网水浑浊度平均值（NTU）

管网水浑浊度平均值评分标准化曲线见图 A-13，评分计算公式见式（A-13）。

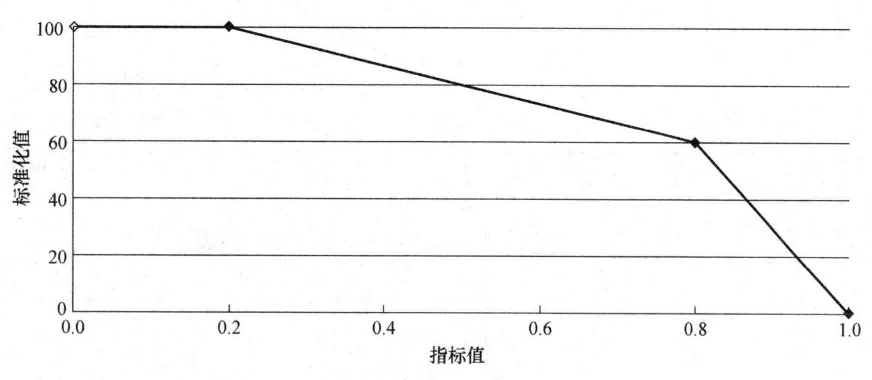

图 A-13　管网水浑浊度平均值评分标准化曲线

$$f(x)=\begin{cases}100, & x\leqslant 0.2\\ 113.33-66.67x, & 0.2<x\leqslant 0.8\\ 300-300x, & 0.8<x\leqslant 1.0\\ 0, & x>1.0\end{cases} \tag{A-13}$$

14. ZH1 产销差率（%）

产销差率评分标准化曲线见图 A-14，评分计算公式见式（A-14）。

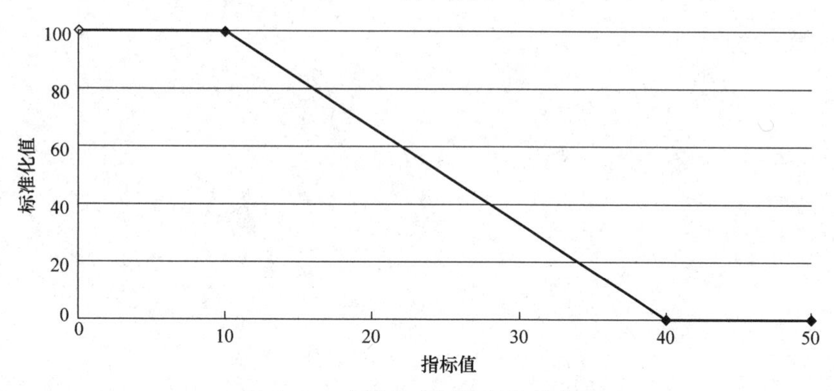

图 A-14　产销差率评分标准化曲线

$$f(x)=\begin{cases}100, & 0\leqslant x\leqslant 10\\ \dfrac{400}{3}-\dfrac{10}{3}x, & 10<x\leqslant 40\\ 0, & 40<x\leqslant 100\end{cases} \tag{A-14}$$

15. ZH2 用户服务综合满意率（%）

用户服务综合满意率评分标准化曲线见图 A-15，评分计算公式见式（A-15）。

$$f(x)=\begin{cases}0, & 0\leqslant x\leqslant 50\\ 2x-100, & 50<x\leqslant 100\end{cases} \tag{A-15}$$

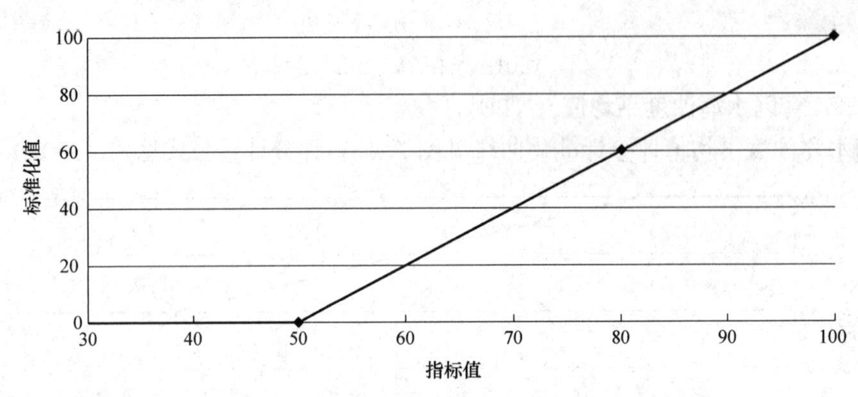

图 A-15　用户服务综合满意率评分标准化曲线

附录B 定量指标行业基准值

定量指标行业基准值见表 B-1。

定量指标行业基准值 **表 B-1**

指标名称	单位	基准值	基准值出处
GS1 水厂供水能力利用率	%	80	根据水专项课题调研统计获得的经验值
GS2 配水单位电耗	kWh/(km^3·MPa)	380	《城市供水行业 2010 年技术进步发展规划及 2020 年远景目标》
GS3 自用水率	%	5	《室外给水设计标准》GB 50013—2018 第 9.1.3 条
GS4 设备完好率	%	95	根据水专项课题调研统计获得的经验值
GW1 管网服务压力合格率	%	96	《城镇供水服务》GB/T 32063—2015、《城市供水行业 2010 年技术进步发展规划及 2020 年远景目标》
GW2 管网修漏及时率	%	90	《城镇供水管网漏损控制及评定标准》CJJ 92—2016
GW3 漏损率	%	12	《城镇供水管网漏损控制及评定标准》CJJ 92—2016
YX1 居民家庭用水量按户抄表率	%	70	根据水专项课题调研统计获得的经验值
YX2 当期水费回收率	%	95	根据水专项课题调研统计获得的经验值
SZ1 国标 106 项水质样本合格率	%	95	1.《城市供水水质标准》CJ/T 206—2005； 2.《生活饮用水卫生标准》GB 5749—2006
SZ2 出厂水水质 9 项合格率	%	95	《城市供水水质标准》CJ/T 206—2005
SZ3 水质综合合格率	%	95	《城市供水水质标准》CJ/T 206—2005
SZ4 管网水浑浊度平均值	NTU	0.8	1.《城市供水水质标准》CJ/T 206—2005； 2.《生活饮用水卫生标准》GB 5749—2006； 3. 根据水专项课题调研统计获得的经验值
ZH1 产销差率	%	16	根据水专项课题调研统计获得的经验值
ZH2 用户服务综合满意率	%	80	根据水专项课题调研统计获得的经验值

绩效指标变量定义和置信度

1. 供水生产类指标变量

供水生产类指标变量的定义、数据来源、相关指标、置信度级别和置信度系数见表C-1～表C-8。

变量 A_1 的定义和置信度　　表 C-1

置信度级别	置信度系数
A_1——最高日供水量(万 m^3/d)	
变量定义:报告期内水厂最高一天的供水量	
数据来源: 1. 水厂运行日报; 2. 供水企业的统计报表	
相关的指标:GS1	
置信度级别	置信度系数
1　出厂水流量计/水表至少每月读取一次	0.6
2　出厂水流量计/水表至少每日读取一次	0.9
3　出厂水流量计/水表至少每日读取一次,且定期校验	1.0

变量 A_2 的定义和置信度　　表 C-2

置信度级别	置信度系数
A_2——设计综合生产能力(万 m^3/d)	
变量定义:按供水设施取水、净化、送水、出厂输水干管等环节设计能力计算的综合生产能力。包括在原设计能力的基础上,经挖潜、革新、改造以及水质标准提高而增加或减少的供水量。以最薄弱的环节为主确定	
数据来源: 1. 水厂运行日报; 2. 供水企业的统计报表	
相关的指标:GS1	
置信度级别	置信度系数
1　无支撑性文件	0.5
2　有支撑性文件	1.0

变量 A_3 的定义和置信度　　表 C-3

A_3——二级泵站耗电量(kWh)
变量定义:报告期内水厂供水泵房(二级)内水泵机组运行时消耗的电量
数据来源: 1. 水厂运行日报; 2. 供水企业的统计报表
相关的指标:GS2

续表

置信度级别	置信度系数
1 未提供能耗记录	0.4
2 有供水公司所有水厂的整体能耗记录	0.8
3 各水厂泵站均有其独立的能耗记录	1.0

变量 A_4 的定义和置信度 **表 C-4**

A_4——二级泵站有效功率(km^3·MPa)	
变量定义:报告期内水厂供水泵房(二级)内水泵机组运行时转输给单位水流的能量增值	
数据来源: 1. 水厂运行日报; 2. 供水企业的统计报表; 3. 计算方法参见附录 D"二级泵站配水单位电耗测算"	
相关的指标:GS2	
置信度级别	置信度系数
1 未提供记录	0.4
2 有纸质记录	0.8
3 有系统的电子记录	1.0

变量 A_5 的定义和置信度 **表 C-5**

A_5——水厂自产供水量(万 m^3)	
变量定义:报告期内水厂自产的供水量	
数据来源: 1. 流量计自动远传采集、人工采集; 2. 供水企业的统计报表; 3. 估算得出	
相关的指标:GS3,GW3,ZH1	
置信度级别	置信度系数
1 出厂水流量计/水表至少每月读取一次	0.6
2 出厂水流量计/水表至少每日读取一次	0.9
3 出厂水流量计/水表至少每日读取一次,且定期校验	1.0

变量 A_6 的定义和置信度 **表 C-6**

A_6——水厂进水量(万 m^3)	
变量定义:报告期内水厂的进水量	
数据来源: 1. 水厂进水处安装流量计自动远传采集、人工采集; 2. 水厂进水处安装流量计或部分安装流量计,按水泵计算得出; 3. 估算得出	
相关的指标:GS3	
置信度级别	置信度系数
1 进水口无水量计量记录	0.4
2 进水流量计/水表至少每月读取一次	0.6
3 进水流量计/水表至少每日读取一次	0.9
4 进水流量计/水表至少每日读取一次,且定期校验	1.0

变量 A_7 的定义和置信度 表 C-7

A_7——全厂设备完好台日数(台日)	
变量定义:报告期内水厂生产设备数量乘以完好天数,并乘以各生产设备不同权重系数,得到的台日数	
数据来源:设备统计台账、权重系数计算	
相关的指标:GS4	
置信度级别	置信度系数
1 未提供记录	0.4
2 有纸质记录	0.8
3 有系统的电子记录	1.0

变量 A_8 的定义和置信度 表 C-8

A_8——全厂设备总台日数(台日)	
变量定义:报告期内水厂生产设备数量乘以总天数,并乘以各生产设备不同权重系数,得到的台日数	
数据来源:设备统计台账、权重系数计算	
相关的指标:GS4	
置信度级别	置信度系数
1 未提供记录	0.4
2 有纸质记录	0.8
3 有系统的电子记录	1.0

2. 管网运行类指标变量

管网运行类指标变量的定义、数据来源、相关指标、置信度级别和置信度系数见表 C-9～表 C-15。

变量 B_1 的定义和置信度 表 C-9

B_1——水压检测合格次数(次)	
变量定义:供水企业服务范围内各测压点检测到的合格次数	
数据来源:城市供水服务区内测压点检测值远传到中心调度室,每 15min 自动打印一次,按每小时内分别在 15min、30min、45min、60min 时间点记录的压力值综合计算出每天的检测合格次数及合格率,然后计算出月、年的压力检测合格率(注:已有测压点不能使用或不能自动打印记录的,应及时修复)	
相关的指标:GW1	
置信度级别	置信度系数
1 未提供测压记录	0.4
2 有连续系统的测压记录,但压力合格率设置不合理	0.7
3 有连续系统的测压记录,且压力合格率设置合理	1.0

变量 B_2 的定义和置信度 表 C-10

B_2——水压检测总次数(次)
变量定义:供水企业服务范围内各测压点检测总次数
数据来源:城市供水服务区内测压点检测值远传到中心调度室,每 15min 自动打印一次,按每小时内分别在 15min、30min、45min、60min 时间点记录的压力值计算出每天的检测次数(注:已有测压点不能使用或不能自动打印记录的,应及时修复)
相关的指标:GW1

续表

置信度级别	置信度系数
1　未提供测压记录	0.3
2　仅有人工测压记录，测压点位和频次较少	0.5
3　有连续的测压记录，但测压点位设置不合理	0.8
4　有连续的测压记录	1.0

变量 B_3 的定义和置信度　　表 C-11

B_3——管网及时修漏次数(次)	
变量定义：报告期内供水企业及时修漏的总次数	
数据来源：供水企业(单位)客户服务记录和热线电话的记录(注：供水企业(单位)应建立 24h 服务电话)	
相关的指标：GW2	
置信度级别	置信度系数
1　无支撑性文件	0.5
2　有支撑性文件	1.0

变量 B_4 的定义和置信度　　表 C-12

B_4——管网修漏次数(次)	
变量定义：报告期内供水企业修漏的总次数	
数据来源：供水企业(单位)客户服务记录和热线电话的记录(注：供水企业(单位)应建立 24h 服务电话)	
相关的指标：GW2	
置信度级别	置信度系数
1　无支撑性文件	0.5
2　有支撑性文件	1.0

变量 B_5 的定义和置信度　　表 C-13

B_5——供水总量(万 m^3)	
变量定义：报告期内供水企业(单位)各水厂的自供水量和外购水量之和	
数据来源： 1. 流量计自动远传采集、人工采集； 2. 供水企业的统计报表； 3. 估算得出	
相关的指标：GW3，ZH1	
置信度级别	置信度系数
1　出厂水流量计/水表至少每月读取一次	0.6
2　出厂水流量计/水表至少每日读取一次	0.9
3　出厂水流量计/水表至少每日读取一次，且定期校验	1.0

变量 B_6 的定义和置信度　　表 C-14

B_6——漏损水量(万 m^3)
变量定义：供水总量与注册用户用水量之间的差值。由漏失水量、计量损失水量和其他损失水量组成
数据来源：根据产销差率进行推算
相关的指标：GW3

续表

置信度级别	置信度系数
1　无支撑性文件	0.5
2　有支撑性文件	1.0

变量 B_7 的定义和置信度　　**表 C-15**

B_7——计费用水量(万 m^3)	
变量定义：在供水企业(单位)注册的计费用户的用水量	
数据来源： 1. 供水企业(单位)的统计报表； 2. 客户营收系统、水平衡系统； 3. 估算得出(例如：施工挖断供水管道而产生的漏失水量、管道冲洗用水等已通过管径、时间、压力等参数计算确定并按照明确用水分类单价收费的水量；或通过收取的水费除以平均售水单价(按当地政府物价部门公布的用水分类单价加权平均计算出平均售水单价)计算出的水量)	
相关的指标：GW3，ZH1	
置信度级别	置信度系数
1　无支撑性文件	0.5
2　有支撑性文件	1.0

3. 营销管理类指标变量

营销管理类指标变量的定义、数据来源、相关指标、置信度级别和置信度系数见表C-16～表C-19。

变量 C_1 的定义和置信度　　**表 C-16**

C_1——居民家庭按户抄表用水量(万 m^3)	
变量定义：报告期供水企业(单位)供水范围内，居民家庭按户抄表的用水量	
数据来源： 1. 供水企业(单位)的统计报表； 2. 客户营收系统、水平衡系统	
相关的指标：YX1	
置信度级别	置信度系数
1　无支撑性文件	0.5
2　有支撑性文件	1.0

变量 C_2 的定义和置信度　　**表 C-17**

C_2——居民家庭用水总量(万 m^3)	
变量定义：报告期供水企业(单位)供水范围内，居民家庭用水的总量	
数据来源： 1. 供水企业(单位)的统计报表； 2. 客户营收系统、水平衡系统	
相关的指标：YX1	
置信度级别	置信度系数
1　无支撑性文件	0.5
2　有支撑性文件	1.0

变量 C_3 的定义和置信度　　表 C-18

C_3——当年实收水费(万元)	
变量定义:报告期内售水量应收水费中实际收回的水费,不包括报告期收回的上期的欠款	
数据来源:供水企业财务、统计报表	
相关的指标:YX2	
置信度级别	置信度系数
1　不完整的、未经审计的财务报表,或审计意见为“无法表示意见”或“反对意见”	0.2
2　财务报表由未注册的外部审计员出具保留意见	0.4
3　财务报表由注册的外部审计员出具保留意见	0.6
4　财务报表由未注册的外部审计员进行审计,且出具无保留意见或与指标无关的保留意见	0.8
5　财务报表由注册的外部审计员进行审计,且出具无保留意见或与指标无关的保留意见	1.0

变量 C_4 的定义和置信度　　表 C-19

C_4——当年应收水费(万元)	
变量定义:报告期内根据各类用户的计费用水量计算得出的应收水费	
数据来源:供水企业财务、统计报表	
相关的指标:YX2	
置信度级别	置信度系数
1　不完整的、未经审计的财务报表,或审计意见为“无法表示意见”或“反对意见”	0.2
2　财务报表由未注册的外部审计员出具保留意见	0.4
3　财务报表由注册的外部审计员出具保留意见	0.6
4　财务报表由未注册的外部审计员进行审计,且出具不保留意见或与指标无关的保留意见	0.8
5　财务报表由注册的外部审计员进行审计,且出具不保留意见或与指标无关的保留意见	1.0

4. 水质管理类指标变量

水质管理类指标变量的定义、数据来源、相关指标、置信度级别和置信度系数见表 C-20～表 C-29。

变量 D_1 的定义和置信度　　表 C-20

D_1——106 项水质检测合格样本数(次)
变量定义:报告期内 106 项国标检测所有项目全部合格的采样数量之和
数据来源: 1. 经质量技术监督部门资质认定的水质检测机构检测的数据; 2. 国家或所在地城市卫生、建设行政主管部门出具的检测报告
相关的指标:SZ1

续表

置信度级别	置信度系数
1　未提供检测记录	0.4
2　取样和分析内容记载在未签署的、缺乏质量控制的记录中	0.8
3　取样和分析内容记载在已签署的、具有可追溯性的受控记录中	1.0

变量 D_2 的定义和置信度　　**表 C-21**

D_2——106 项水质检测样本数(次)	
变量定义:报告期内 106 项国标检测的所有采样数量之和	
数据来源: 1. 经质量技术监督部门资质认定的水质检测机构检测的数据; 2. 国家或所在地城市卫生、建设行政主管部门出具的检测报告	
相关的指标:SZ1	
置信度级别	置信度系数
1　未提供检测记录	0.3
2　采样点选择、检测项目和频次不满足国家行业相关标准要求	0.5
3　采样点选择、检测项目和频次满足国家行业相关标准要求,但检测记录缺乏质量控制	0.8
4　采样点选择、检测项目和频次满足国家行业相关标准要求,且检测记录具有质量控制和可追溯性	1.0

变量 D_3 的定义和置信度　　**表 C-22**

D_3——出厂水水质 9 项各单项检测合格次数(次)	
变量定义:出厂水水质 9 项(浑浊度、色度、臭和味、肉眼可见物、消毒剂常规指标、菌落总数、总大肠菌群、耐热大肠菌群、COD_{Mn})各单项检测的合格次数	
数据来源: 1. 经质量技术监督部门资质认定的水质检测机构检测的数据; 2. 国家或所在地城市卫生、建设行政主管部门出具的检测报告	
相关的指标:SZ2	
置信度级别	置信度系数
1　未提供检测记录	0.4
2　取样和分析内容记载在未签署的、缺乏质量控制的记录中	0.8
3　取样和分析内容记载在已签署的、具有可追溯性的受控记录中	1.0

变量 D_4 的定义和置信度　　**表 C-23**

D_4——出厂水水质 9 项各单项检测次数(次)
变量定义:出厂水水质 9 项(浑浊度、色度、臭和味、肉眼可见物、消毒剂常规指标、菌落总数、总大肠菌群、耐热大肠菌群、COD_{Mn})各单项检测的总次数
数据来源: 1. 经质量技术监督部门资质认定的水质检测机构检测的数据; 2. 国家或所在地城市卫生、建设行政主管部门出具的检测报告
相关的指标:SZ2

续表

置信度级别	置信度系数
1　未提供检测记录	0.3
2　采样点选择、检测项目和频次不满足国家行业相关标准要求	0.5
3　采样点选择、检测项目和频次满足国家行业相关标准要求，但检测记录缺乏质量控制	0.8
4　采样点选择、检测项目和频次满足国家行业相关标准要求，且检测记录具有质量控制和可追溯性	1.0

变量 D_5 的定义和置信度　　**表 C-24**

D_5——管网水水质 7 项各单项检测合格次数(次)	
变量定义：报告期供水区域内管网水水质 7 项(浑浊度、色度、臭和味、消毒剂常规指标、菌落总数、总大肠菌群、COD_{Mn})各单项检测的合格次数	
数据来源： 1. 经质量技术监督部门资质认定的水质检测机构检测的数据； 2. 国家或所在地城市卫生、建设行政主管部门出具的检测报告	
相关的指标：SZ3	
置信度级别	置信度系数
1　未提供检测记录	0.4
2　取样和分析内容记载在未签署的、缺乏质量控制的记录中	0.8
3　取样和分析内容记载在已签署的、具有可追溯性的受控记录中	1.0

变量 D_6 的定义和置信度　　**表 C-25**

D_6——管网水水质 7 项各单项检测次数(次)	
变量定义：报告期供水区域内管网水水质 7 项(浑浊度、色度、臭和味、消毒剂常规指标、菌落总数、总大肠菌群、COD_{Mn})各单项检测的总次数	
数据来源： 1. 经质量技术监督部门资质认定的水质检测机构检测的数据； 2. 国家或所在地城市卫生、建设行政主管部门出具的检测报告	
相关的指标：SZ3	
置信度级别	置信度系数
1　未提供检测记录	0.3
2　采样点选择、检测项目和频次不满足国家行业相关标准要求	0.5
3　采样点选择、检测项目和频次满足国家行业相关标准要求，但检测记录缺乏质量控制	0.8
4　采样点选择、检测项目和频次满足国家行业相关标准要求，且检测记录具有质量控制和可追溯性	1.0

变量 D_7 的定义和置信度　　**表 C-26**

D_7——42 项扣除 7 项后各单项检测合格次数(次)
变量定义：城市供水水质 42 项常规检验项目扣除 7 项后各单项检测的合格次数
数据来源： 1. 经质量技术监督部门资质认定的水质检测机构检测的数据； 2. 国家或所在地城市卫生、建设行政主管部门出具的检测报告
相关的指标：SZ3

续表

置信度级别	置信度系数
1　未提供检测记录	0.4
2　取样和分析内容记载在未签署的、缺乏质量控制的记录中	0.8
3　取样和分析内容记载在已签署的、具有可追溯性的受控记录中	1.0

变量 D_8 的定义和置信度　　**表 C-27**

D_8——42 项扣除 7 项后各单项检测次数(次)	
变量定义:城市供水水质 42 项常规检验项目扣除 7 项后各单项检测的总次数	
数据来源: 1. 经质量技术监督部门资质认定的水质检测机构检测的数据; 2. 国家或所在地城市卫生、建设行政主管部门出具的检测报告	
相关的指标:SZ3	
置信度级别	置信度系数
1　未提供检测记录	0.3
2　采样点选择、检测项目和频次不满足国家行业相关标准要求	0.5
3　采样点选择、检测项目和频次满足国家行业相关标准要求,但检测记录缺乏质量控制	0.8
4　采样点选择、检测项目和频次满足国家行业相关标准要求,且检测记录具有质量控制和可追溯性	1.0

变量 D_9 的定义和置信度　　**表 C-28**

D_9——管网水取样点浑浊度之和(NTU)	
变量定义:管网水各取样点浑浊度检测值之和	
数据来源: 1. 经质量技术监督部门资质认定的水质检测机构检测的数据; 2. 国家或所在地城市卫生、建设行政主管部门出具的检测报告	
相关的指标:SZ4	
置信度级别	置信度系数
1　未提供检测记录	0.4
2　取样和分析内容记载在未签署的、缺乏质量控制的记录中	0.8
3　取样和分析内容记载在已签署的、具有可追溯性的受控记录中	1.0

变量 D_{10} 的定义和置信度　　**表 C-29**

D_{10}——管网水浑浊度检测次数(次)
变量定义:管网水各取样点浑浊度检测次数
数据来源: 1. 经质量技术监督部门资质认定的水质检测机构检测的数据; 2. 国家或所在地城市卫生、建设行政主管部门出具的检测报告
相关的指标:SZ4

续表

置信度级别	置信度系数
1 未提供检测记录	0.3
2 采样点选择、检测项目和频次不满足国家行业相关标准要求	0.5
3 采样点选择、检测项目和频次满足国家行业相关标准要求，但检测记录缺乏质量控制	0.8
4 采样点选择、检测项目和频次满足国家行业相关标准要求，且检测记录具有质量控制和可追溯性	1.0

5. 综合管控类指标变量

综合管控类指标变量的定义、数据来源、相关指标、置信度级别和置信度系数见表C-30～表C-33。

变量 E_1 的定义和置信度　　表 C-30

E_1——收回有效指标项项数(项)	
变量定义：由第三方机构开展，针对供水水质、水压、抄表缴费、热线服务等服务情况所发放并收回有效的调查问卷指标项数量	
数据来源：满意度测评调查记录	
相关的指标：ZH2	
置信度级别	置信度系数
1 调查对象为具有代表性的用户	0.6
2 调查对象为具有代表性的用户且调查方法具有稳定性和可重复性	0.8
3 调查由第三方实施	1.0

变量 E_2 的定义和置信度　　表 C-31

E_2——收回有效满意项项数(项)	
变量定义：由第三方机构开展，针对供水水质、水压、抄表缴费、热线服务等服务情况所发放并收回有效的调查问卷指标项，且满意度选择满意或基本满意的项数	
数据来源：满意度测评调查记录	
相关的指标：ZH2	
置信度级别	置信度系数
1 调查对象为具有代表性的用户	0.6
2 调查对象为具有代表性的用户且调查方法具有稳定性和可重复性	0.8
3 调查由第三方实施	1.0

变量 E_3 的定义和置信度　　表 C-32

E_3——客服回访记录(项)
变量定义：供水企业客服中心开展的客服回访记录数量
数据来源：客户服务中心回访记录
相关的指标：ZH2

续表

置信度级别	置信度系数
1　未提供记录	0.6
2　有纸质记录	0.8
3　有系统的电子记录	1.0

变量 E_4 的定义和置信度　　表 C-33

E_4——客服回访满意记录(项)	
变量定义:供水企业客服中心开展的客服回访满意记录数量	
数据来源:客户服务中心回访记录	
相关的指标:ZH2	
置信度级别	置信度系数
1　未提供记录	0.6
2　有纸质记录	0.8
3　有系统的电子记录	1.0

附录D 二级泵站配水单位电耗测算

《企业节约能源管理升级（定级）规定》（建综字第214号）中详述了配水电耗的测算方法，即：水量每小时读数一次，泵进、出口压力每半小时抄表一次，取三次平均值（一小时的两端及中间），每台泵每小时计算一次水量×扬程（为有用功率值$Q\times H$），一段时间内总用电量（kWh）除以累计的有用功率值（QH），即为该期间的配水电耗。而目前大部分水厂的流量仪都是装在总管中的，考虑到上述因素对测算方法稍作改进：选取合适的计算期（能代表全年运行的平均水平），根据各水泵的进、出口压强（每半小时或每小时）和出水量的测量记录，计算水泵进出口压差的流量加权平均值，作为二级泵房的平均扬程。

下面为计算实例：

假设二级泵房一个典型的平均运行日内，运行水泵的总出水量为100000m^3，总用电量为15000kWh（不包括变压器损耗和泵房内其他用电，如行车、通风机、真空泵、排水泵、生活用电等）。压力表每半小时抄一次，抄表值汇总于表D-1。

水泵进出口压强小时记录表　　表D-1

时间	1号水泵压强(MPa)		2号水泵压强(MPa)		3号水泵压强(MPa)	
	泵进口 半点/整点	泵出口 半点/整点	泵进口 半点/整点	泵出口 半点/整点	泵进口 半点/整点	泵出口 半点/整点
1:00			−0.02/−0.02	0.35/0.35		
2:00			−0.02/−0.02	0.35/0.35		
3:00			−0.02/−0.02	0.35/0.35		
4:00			−0.02/−0.02	0.35/0.35		
5:00	−0.01/−0.01	0.37/0.37	−0.02/−0.02	0.36/0.36		
6:00	−0.01/−0.01	0.37/0.37	−0.02/−0.02	0.36/0.36		
7:00	−0.01/−0.01	0.37/0.37	−0.02/−0.02	0.36/0.36		
8:00	−0.01/−0.01	0.36/0.36	−0.02/−0.02	0.35/0.35		.
9:00	−0.01/−0.01	0.36/0.36	−0.02/−0.02	0.35/0.35		
10:00	−0.01/−0.01	0.37/0.37	−0.02/−0.02	0.36/0.36	−0.02/−0.02	0.37/0.37
11:00	−0.01/−0.01	0.37/0.37	−0.02/−0.02	0.36/0.36	−0.02/−0.02	0.37/0.37
12:00	−0.02/−0.02	0.36/0.36	−0.03/−0.03	0.35/0.35	−0.03/−0.03	0.36/0.36
13:00	−0.02/−0.02	0.36/0.36	−0.03/−0.03	0.35/0.35	−0.03/−0.03	0.36/0.36
14:00	−0.02/−0.02	0.36/0.36	−0.03/−0.03	0.35/0.35	−0.03/−0.03	0.36/0.36

续表

时间	1号水泵压强(MPa)		2号水泵压强(MPa)		3号水泵压强(MPa)	
	泵进口 半点/整点	泵出口 半点/整点	泵进口 半点/整点	泵出口 半点/整点	泵进口 半点/整点	泵出口 半点/整点
15:00	−0.02/−0.02	0.36/0.36	−0.03/−0.03	0.35/0.35	−0.03/−0.03	0.36/0.36
16:00	−0.02/−0.02	0.35/0.35	−0.03/−0.03	0.34/0.34	−0.03/−0.03	0.35/0.35
17:00	−0.02/−0.02	0.35/0.35	−0.03/−0.03	0.34/0.34	−0.03/−0.03	0.35/0.35
18:00	−0.02/−0.02	0.34/0.34	−0.03/−0.03	0.33/0.33	−0.03/−0.03	0.34/0.34
19:00	−0.02/−0.02	0.34/0.34	−0.03/−0.03	0.33/0.33	−0.03/−0.03	0.34/0.34
20:00	−0.02/−0.02	0.35/0.35	−0.03/−0.03	0.34/0.34	−0.03/−0.03	0.35/0.35
21:00	−0.02/−0.02	0.35/0.35	−0.03/−0.03	0.34/0.34		
22:00	−0.02/−0.02	0.35/0.35	−0.03/−0.03	0.34/0.34		
23:00			−0.02/−0.02	0.35/0.35		
24:00			−0.02/−0.02	0.35/0.35		
合计压强	−0.29/−0.29	6.44/6.44	−0.59/−0.59	8.36/8.36	−0.31/−0.31	3.91/3.91
开泵时间	18h		24h		11h	

二级泵房内三台水泵的平均进出口压差为：

(0.29＋0.29＋6.44＋6.44＋0.59＋0.59＋8.36＋8.36＋0.31＋0.31＋3.91＋3.91)÷[2×(18＋24＋11)]＝39.8÷106＝0.375 (MPa)

$$Q \times H = 100\text{km}^3 \times 0.375 = 37.5\ (\text{km}^3 \cdot \text{MPa})$$

$$\text{配水电耗} = \text{电量}/(QH) = 15000/37.5 = 400\ [\text{kWh}/(\text{km}^3 \cdot \text{MPa})]$$

实际计算时，建议采取更长的计算期，压力表读数频率可适当降低。如计算期为一个月，采用每两小时一次的压力表读数测算平均扬程。

设备完好率计算

1. 纳入计算范围的设备

以“台数”为计算单位，纳入计算范围的设备见表 E-1。

设备完好率计算所涉及设备清单　　表 E-1

设备名称	包含内容	计算单位	备注
水泵机组	包括:(1)水泵及其配套的阀门;(2)电机及与其相关的启动箱、控制箱、电缆、机旁电容补偿柜、机旁避雷柜、变频柜等	套	进、出水泵房水泵,污水泵房水泵,反冲洗泵,以及其他 15kW 以上各类水泵机组
变压器	1. 35kV、10kV 电压等级; 2. 包括本体设备及其附属设施	台	50kVA 以下安装在柜内的所用变不计入
高压开关柜	各种功能的 35kV、10kV、6kV 高压柜(包括高压电容柜、环网柜)	台	高压变频柜、就地补偿柜及就地避雷器柜作为配套纳入“水泵机组”类中
低压开关柜	包括:(1)低配柜;(2)动力配电箱(落地);(3)集中控制台;(4)高配室的中央信号屏、控制屏、保护屏、所用屏、直流屏等;(5)低压电容柜	台	电机启动柜、低压变频柜作为配套纳入“水泵机组”类中
吸泥机	包括吸泥行车、轨道、滑触线等	台	
鼓风机	包括进、出气管路和阀门	台	
阀门组	包括一组滤池的所有阀门和出厂水管路控制阀等	套	水泵前、后的阀门(含止回阀)纳入水泵机组
污泥脱水机械	包括脱水机械和污泥浓缩机械	套	
加氯设备		套	
加药设备		套	
起吊设备		套	

2. 设备的权重系数

上述十一类设备基本上包含了水厂全部设备。各类设备的权重系数见表 E-2。

设备完好率计算所涉及设备的权重系数列表　　表 E-2

设备名称		K_Q	备注
水泵机组	15～50kW	2	含 50kW
	50～100kW	3	含 100kW
	100～300kW	4	含 300kW
	300～500kW	6	含 500kW
	500～1000kW	7	含 1000kW
	1000kW 以上	8	

续表

设备名称		K_Q	备注
变压器	100～400kVA	4	含 400kVA
	500kVA 以上	5	含 500kVA
高压开关柜	进线柜	6	指断路器柜
	其他柜	4	除进线柜以外
低压开关柜	低配柜(1000A 以下)	2	含 1000A,指该低配室进线柜
	低配柜(1500A 以上)	3	含 1500A,指该低配室进线柜
	动力配电箱(落地)	2	
	集中控制台,高配的中央信号屏、控制屏、直流屏、所用屏等	1	
	低压电容柜	1	
吸泥机	泵吸	3	包括潜水泵吸泥
	虹吸	2	
鼓风机	75kW 以下	2	含 75kW
	75kW 以上	3	
滤池阀门组	普通快滤池	1	
	双阀滤池	0.6	
	气冲滤池	1.2	
	出厂水管路控制阀	3	
污泥脱水机械	50kW 以下	3	含 50kW
	50kW 以上	4	
加氯设备		4	
加药设备		4	
起吊设备		3	

漏损率修正值R_n计算方法

1. 指标定义

漏损率修正值 R_n 应包括居民抄表到户水量的修正值、单位供水量管长的修正值、年平均出厂压力的修正值和最大冻土深度的修正值。

2. 计算公式

$$R_n=R_1+R_2+R_3+R_4 \tag{F-1}$$

式中 R_1——居民抄表到户水量的修正值（%）；

R_2——单位供水量管长的修正值（%）；

R_3——年平均出厂压力的修正值（%）；

R_4——最大冻土深度的修正值（%）。

（1）居民抄表到户水量的修正值应按下式计算：

$$R_1=0.08r\times100\% \tag{F-2}$$

式中 r——居民抄表到户水量占总供水量（自产加外购水量）的比例。

（2）单位供水量管长的修正值应按下列公式计算：

$$R_2=0.99(A-0.0693)\times100\% \tag{F-3}$$

$$A=\frac{L}{B} \tag{F-4}$$

式中 A——单位供水量管长（km/万 m^3）；

L——$DN75$（含）以上管道长度（km）；

B——供水总量（万 m^3/d）。

当 R_2 值大于 3%时，应取 3%；当 R_2 值小于−3%时，应取−3%。

（3）年平均出厂压力大于 0.35MPa 且小于或等于 0.55MPa 时，修正值应为 0.5%；年平均出厂压力大于 0.55MPa 且小于或等于 0.75MPa 时，修正值应为 1%；年平均出厂压力大于 0.75MPa 时，修正值应为 2%。

（4）最大冻土深度大于 1.4m 时，修正值应为 1%。

水量平衡分析

水量平衡分析是集用水单元水量测试、分析研究和措施建议的系列工程，它主要基于物质守恒定律，即进入设定系统的输入水量应等于输出水量。水量平衡表见表 G-1。

水量平衡表 **表 G-1**

<table>
<tr><td rowspan="11">供水总量</td><td rowspan="4">注册用户用水量</td><td rowspan="2">计费用水量</td><td>计费计量用水量</td><td rowspan="2">售水量</td></tr>
<tr><td>计费未计量用水量</td></tr>
<tr><td rowspan="2">免费用水量</td><td>免费计量用水量</td><td rowspan="9">产销差水量</td></tr>
<tr><td>免费未计量用水量</td></tr>
<tr><td rowspan="7">漏损水量</td><td rowspan="4">漏失水量</td><td>明漏水量</td></tr>
<tr><td>暗漏水量</td></tr>
<tr><td>背景漏失水量</td></tr>
<tr><td>水箱、水池的渗漏和溢流水量</td></tr>
<tr><td rowspan="2">计量损失水量</td><td>居民用户总分表差损失水量</td></tr>
<tr><td>非居民用户表具误差损失水量</td></tr>
<tr><td>其他损失水量</td><td>未注册用户用水和用户拒查等管理因素导致的损失水量</td></tr>
</table>

（1）供水总量

指报告期内进入供水管网的自产水量和外购水量之和。不包括经水厂出厂流量计后（计量后）接管用于水厂反冲洗或加氯用的水量。

（2）注册用户用水量

在供水企业（单位）登记注册的用户的计费用水量和免费用水量。

（3）计费用水量

在供水企业（单位）注册的计费用户的用水量。

（4）免费用水量

按规定减免收费的注册用户的用水量以及用于管网维护和冲洗等的水量。

（5）产销差水量

指报告期内供水企业（单位）供水总量与售水量之间的差额水量。

（6）售水量

指报告期内供水企业（单位）供应给用户，应该收取水费的全部商品水量，包括计量收费和未计量收费的水量。

（7）计费计量用水量（计量售水量）

指报告期内供水企业（单位）通过贸易结算仪表计量并收费的全部水量。

(8) 计费未计量用水量(未计量售水量)

指报告期内供水企业(单位)没有通过贸易结算仪表计量但已通过合理的折算方法计算确定水量并收费的全部水量。例如：施工挖断供水管道而产生的漏失水量、管道冲洗用水等已通过管径、时间、压力等参数计算确定并按照明确用水分类单价收费的水量；或通过收取的水费除以平均售水单价(按当地政府物价部门公布的用水分类单价加权平均计算出平均售水单价)计算出的水量。

(9) 漏损水量

供水总量与注册用户用水量之间的差值。由漏失水量、计量损失水量和其他损失水量组成。

(10) 漏失水量

各种类型的管线漏点、管网中水箱及水池等渗漏和溢流造成实际漏掉的水量。

(11) 计量损失水量

计量表具性能限制或计量方式改变导致计量误差的损失水量。

(12) 其他损失水量

未注册用户用水和用户拒查等管理因素导致的损失水量。

用户满意度调查函

尊敬的用户：

为广泛听取社会各界的意见和建议，进一步提高供水服务质量，我们组织开展这次供水用户满意度调查，请您在繁忙的工作之余，抽出宝贵的时间，配合我们完成本次调查。

一、用户类型

1. 政府部门、新闻单位、事业单位 ☐
2. 生产经营性单位 ☐
3. 社区、物业管理机构 ☐
4. 居民用户 ☐

二、请您对下列调查项目的满意度进行评价（各选一项，在相应选项前打√）

总体满意度	☐ 满意	☐ 基本满意	☐ 不满意
其中：供水水质	☐ 满意	☐ 基本满意	☐ 不满意
供水水压	☐ 满意	☐ 基本满意	☐ 不满意
抄表缴费	☐ 满意	☐ 基本满意	☐ 不满意
窗口服务	☐ 满意	☐ 基本满意	☐ 不满意
热线服务	☐ 满意	☐ 基本满意	☐ 不满意
工程安装	☐ 满意	☐ 基本满意	☐ 不满意
更换维修	☐ 满意	☐ 基本满意	☐ 不满意

三、为与您保持经常性的联系与沟通，认真倾听您的意见和建议，及时为您排忧解难，希望用户提供下列信息：

用户名（单位请盖章）：______________________________

通信地址：______________________________

E-mail：______________ 联系部门和联系人：______________

联系电话：______________ 手机：______________

非常感谢您的支持和配合，替您排忧解难是我们的神圣职责，满足您的愿望是我们追求的目标和工作标准，希望您一如既往地对供水事业发展给予关心和支持。

二〇　　年　　月　　日

参考文献

[1] 埃伦娜·阿莱格雷，海梅·梅洛·巴普蒂斯塔，恩里克·卡布雷拉，等. 供水服务绩效指标手册[M]. 2版. 韩伟，李爽，曾为，译. 北京：中国建筑工业出版社，2011：22-33.

[2] 周令，张金松，张茜. 中国供水企业绩效评价系统研究[J]. 中国给水排水，2006，22（2）：75-78.

[3] 吕小柏，吴友军. 绩效评价与管理[M]. 北京：北京大学出版社，2013：19-23.

[4] 傅涛. 市场化进程中的中国水业[M]. 北京：中国建筑工业出版社，2007：149-151.

[5] “饮用水供应及污水处理系统服务质量标准和效率指标”技术委员会第五次会议. ISO/TC 224 新动向[J]. 世界标准化与质量管理，2006（4）：63.

[6] 浙江省城市水业协会. 浙江省城市供水现代化水厂评价标准（2018版）[EB/OL].（2019-04-22）[2022-07-22]. http：//www. zjwater. org/article/537/4.

[7] 浙江省城市水业协会. 浙江省城市供水现代化营业所评价标准. [EB/OL].（2019-04-22）[2022-07-22]. http：//www. zjwater. org/article/537/4.

[8] 韩伟，李爽，江瀚，等. 供水绩效评估管理实践与发展[M]. 北京：中国建筑工业出版社，2019：42-55.

[9] NRIQUE CABRERA JR. Benchmarking in the water industry：a mature practice? [J]. Water utility management international，2008，3（2）：5-7.

[10] VIEIRA P，ALEGRE H，ROSA M J，et al. Drinking water treatment plant assessment through performance indicators [J]. Water science & technology：water supply，2008（3）：245-253.

[11] ONG BOON KUN，SUHAIMI ABDUL TALIB，GHUFRAN REDZWAN. Establishment of performance indicators for water supply services industry in Malaysia [J]. Malaysian journal of civil engineering，2007，19（1）：73-83.

[12] VIEIRA P，SILVA C，ROSA M J，et al. A PI system for drinking water treatment plants- framework and case study application [C]. Performance assessment of urban infrastructure services：drinking water，wastewater and solid waste. Valencia（ES），2008：389-402.